建筑工程造价成本管理的
优化策略探讨

郭艳玲　著

吉林科学技术出版社

图书在版编目（CIP）数据

建筑工程造价成本管理的优化策略探讨 / 郭艳玲著
. -- 长春：吉林科学技术出版社，2023.5
ISBN 978-7-5744-0460-1

Ⅰ.①建… Ⅱ.①郭… Ⅲ.①建筑造价管理 Ⅳ.
① TU723.3

中国国家版本馆 CIP 数据核字 (2023) 第 105640 号

建筑工程造价成本管理的优化策略探讨

著	郭艳玲
出 版 人	宛 霞
责任编辑	程 程
封面设计	刘梦杏
制 版	刘梦杏
幅面尺寸	170mm×240mm
开 本	16
字 数	120 千字
印 张	7.625
印 数	1-1500 册
版 次	2023年5月第1版
印 次	2024年1月第1次印刷

出 版	吉林科学技术出版社
发 行	吉林科学技术出版社
地 址	长春市南关区福祉大路5788号出版大厦A座
邮 编	130118
发行部电话/传真	0431-81629529　81629530　81629531
	81629532　81629533　81629534
储运部电话	0431-86059116
编辑部电话	0431-81629510
印 刷	廊坊市印艺阁数字科技有限公司

书 号	ISBN 978-7-5744-0460-1
定 价	46.00 元

前　　言

近年来，现代化城市的迅速发展，极大地促进了中国建筑行业的稳定发展。而工程造价成本管理与其他工程项目各有不同，建筑工程造价成本管理涉及的范围较为广泛，具体来说，建筑工程中的施工环节与工程项目的有序开展全部需要工程造价成本管理控制的参与。无论在建筑工程初期工程建设中，还在后期竣工验收中，全部需要统一的工程造价成本管理，以确保建筑工程项目建设过程中具有充足的资金成本，并有着至关重要的用途。由于建筑工程施工项目之间的关系比较复杂，部分环节所消耗的资金与实际工程造价成本之间有着较大的偏差，久而久之，必将对建筑工程发展造成严重影响。所以这就需要对建筑工程造价成本管理的有效实施提出全新的优化策略。

在建筑工程项目开展工作中，需要投入大量施工成本与资金，因此为保障工程造价管理工作有序完成，就必须完全掌握工程成本的实际应用情况，禁止因大量成本的消耗给建筑工程企业带来经济损失。伴随着当今社会经济的迅速发展，建筑行业将工程施工质量安全管理摆在了首要位置，但却完全忽视了成本控制，导致建筑工程项目常常发生造价超出的情况，进而导致建筑企业难以得到理想经济效益。与此同时，建筑企业必须根据实际情况，安排专业工作者，从建筑工程项目生产、物资采购与设备应用等方面进行分析，做好建筑工程造价成本管理工作，寻找出影响建筑工程造价管理的各种因素，采用任务分解与目标控制方式，将工程造价与成本管理工作与实际情况之间深度融合，有效贯彻落实建筑企业的实际运营目标，从而在最大程度上为建筑行业提供较高的经济效益与社会效益。

鉴于此，笔者撰写了《建筑工程造价成本管理的优化策略探讨》一书，本书以工程造价成本管理的内涵为切入点，由浅入深地阐述了工程造价成本管理的基础知识，系统地论述了工程造价的构成，深入地探究了前期策划阶段、建筑设计、结构设计、施工阶段与项目全寿命周期成本管理的优化策略，以期为读者理解与践行建筑工程造价成本管理的优化提供有价值的参考和借鉴。本书内容翔实、逻辑合理，在撰写的过程中注重理论与实践相结合，本书可作为土建类专业、工程造价管理类及相关专业的参考读物，也可作为相关专业工程技术人员和造价管理人员的参考书。

笔者在撰写本书的过程中，借鉴了许多专家和学者的研究成果，在此表示衷心感谢。本书研究的课题涉及的内容十分宽泛，尽管笔者在写作过程中力求完美，但仍难免存在疏漏，恳请各位专家批评指正。

目 录
Contents

第一章 工程造价成本管理的基础知识

第一节 工程造价成本管理的内涵

一、工程造价

(一) 工程投资概述

1. 投资及其分类

(1) 投资的含义

投资是指投资主体为了达到预期收益价值的垫付行为，一般有广义和狭义之分。

广义的投资，是指投资主体将资源投放到某项目以达到预期效果的一系列经济行为。其资源可以是人力、资金、技术等，既可以是有形资产的投放，也可以是无形资产的投放。

狭义的投资，是指投资主体在经济活动中为实现某种预定的生产、经营目标而预先垫付资金的经济行为。

(2) 投资的分类

投资从不同角度有不同的分类，具体如图1-1所示。

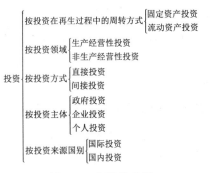

图1-1 投资的分类

在图 1-1 的分类中，由于固定资产投资额度大，管理复杂，在整个投资中处于主导地位，因此通常所说的投资主要是指固定资产投资。

2. 固定资产

(1) 固定资产的含义

固定资产是指在社会再生产过程中可供长时间反复使用 (一年以上)，单位价值在规定限额以上，并在使用过程中基本保持原有实物形态的劳动资料和其他物质资料，包括房屋及建筑物、构筑物、机器设备、车辆及工器具等。

确定固定资产的标准是使用时间和价值大小。使用时间超过一年的建筑物、构筑物、机器设备、运输车辆和其他工器具等应当作为固定资产；不属于生产经营主要设备的物品，单位价值在两千元以上且使用年限在两年以上的各类资产也属于固定资产。不符合上述两个条件的劳动资料一般列为低值易耗品，低值易耗品和劳动对象统称为流动资产。

(2) 固定资产的特点

固定资产投资作为经济社会活动的重要内容，是国民经济和企业经营的重要组成部分，具有许多与一般生产、流通领域不同的特点，其特点总结如下：①资金占用多，一次性投入的资金的额度大。②建设和回收周期长。③投资形成的产品具有固定性。④投资的产品具有单件性。⑤项目的管理比较复杂。

(二) 基本建设概述

1. 基本建设的含义

利用国家预算内资金、自筹资金、国内外基本建设贷款及其他专项资金进行的，以扩大生产能力或新增工程效益为主要目的新建、扩建、改建、恢复工程，以及与之相关的活动均称为基本建设。

2. 基本建设的内容

基本建设包括以下五个方面内容：

(1) 建筑工程。建筑工程是指永久性和临时性的建筑物、构筑物、设备基础的修建，照明、水卫、暖通、煤气等设备的安装，绿化，以及水利、道路、电力线路、防空设施等的建设。

(2) 设备安装工程。设备安装工程包括各种机械设备和电气设备的安装，与设备相关联的工作台、梯子、栏杆等的装设，附属于被安装设备的管道铺设和设备的绝缘、保温、油漆等，以及为测定安装质量对单个设备进行试运转的工作。

（3）设备、工器具及生产用具的购置。设备、工器具及生产用具的购置是指车间、实验室、医院、学校、宾馆、车站等开展生产工作、学习所应配备的各种设备、工具、器具、家具及实验设备的购置。

（4）勘察与设计。勘察与设计包括地质勘查、地形测量及工程设计方面的工作。

（5）其他基本建设工作。其他基本建设工作是指上述各类工作以外的基本建设工作，如筹建机构、征用土地、培训工人及其他生产准备工作等。

（三）建设项目概述

1.建设项目的分类

建设项目可以从不同角度进行划分。

（1）按规模大小分类，建设项目可分为大型、中型和小型建设项目，或限额以上和限额以下建设项目。不同行业的划分标准不同。

（2）按建设性质分类，建设项目可分为新建项目、扩建项目、改建项目、恢复项目和迁建项目。

（3）按建设用途不同分类，建设项目可分为生产性建设项目和非生产性建设项目。

①生产性建设项目，是指直接用于物质生产或为满足物质生产所需要的工程项目，包括工业建设项目、农业建设项目、基础设施建设项目、商业建设项目。

②非生产性建设项目，一般是指用于满足人们物质生活、文化和福利需要的建设和非物质资料生产部门的建设项目。

（4）按行业性质和特点分类，建设项目可分为竞争性项目、基础性项目、公益性项目。

①竞争性项目，是指投资效益比较高、竞争性比较强的一般性建设项目。

②基础性项目，是指具有自然垄断性，建设周期长、投资额大而效益低的基础设施和需要政府重点扶持的一部分基础工业项目，以及直接增强国

力的符合经济规模的支柱产业项目。

③公益性项目，主要包括科技、文教、卫生、体育和环保等设施，公、检、法等政权机关，以及政府机关和社会团体办公设施等。

2. 建设项目组成单元的划分

建设项目按基本建设管理和合理确定工程造价的需要分为五个单元层次：建设项目、单项工程、单位工程、分部工程、分项工程。

（1）建设项目。建设项目一般是指具有一个设计任务书，按一个总体设计组织施工，经济上独立核算，在建设和运营中具有独立法人负责的组织机构，建成后具有完整的系统，可以独立发挥生产能力和使用价值的建设工程，由一个或若干个单项工程组成，如一座工厂、一所学校、一条铁路、一座矿山等。

（2）单项工程。单项工程又称为工程项目，是建设项目的组成部分，是指具有独立设计文件，竣工后能独立发挥生产能力和使用效益的工程，如一所医院的门诊楼、办公楼、化验楼等，一座工厂中的各个车间、办公楼等。

（3）单位工程。单位工程是单项工程的组成部分，是指具有独立设计文件，可以独立施工，但建成后不能独立发挥生产能力和使用效益的工程，如一所医院门诊楼的土建工程、办公楼的电气工程、化验楼的暖通工程等，一座工厂中各个车间、办公楼的土建工程等。

（4）分部工程。分部工程是单位工程的组成部分，是指在一个单位工程中，按工程部位及使用的材料和工种进一步划分的工程，如土石方工程、屋面工程、楼地面工程等。

（5）分项工程。分项工程是分部工程的组成部分，是指在一个分部工程中，按不同的施工方法、不同的材料和规格，对分部工程进一步划分，直到可用较为简单的施工过程就能完成、以适当的计量单位就可以计算其工程量的基本单元，如人工挖土方、砌内墙、砌外墙、钢筋、模板等。

二、工程造价管理

（一）工程造价管理的含义

工程造价管理是指综合运用管理学、经济学和工程技术等方面的知识与技能，对工程造价进行预测、计划、控制、核算等的过程。工程造价管理既涵盖了宏观层次的工程建设投资管理，也涵盖了微观层次的工程项目费用管理。

1. 工程造价的宏观管理

工程造价的宏观管理是指政府部门根据社会经济发展的实际需要，利用法律、经济和行政等手段，规范市场主体的价格行为，监控工程造价的系统活动。

2. 工程造价的微观管理

工程造价的微观管理是指工程参建主体根据工程有关计价依据和市场价格信息等，预测、计划、控制、核算工程造价的系统活动。

(二) 工程造价管理的目标、任务及基本内容

1. 工程造价管理的目标

工程造价管理的目标是按照经济规律的要求，根据社会主义市场经济的发展形势，利用科学管理方法和先进管理手段，合理地确定造价和有效地控制造价，以提高投资效益和建筑安装企业经营效果。

2. 工程造价管理的任务

工程造价管理的任务是加强工程造价的全过程动态管理，强化工程造价的约束机制，维护有关各方的经济利益，规范价格行为，促进微观效益和宏观效益的统一。

3. 工程造价管理的基本内容

工程造价管理的基本内容是合理地确定和有效地控制工程造价。

(1) 工程造价的合理确定

所谓工程造价的合理确定，就是在建设程序的各个阶段，合理地确定投资估算、概算造价、预算造价、承包合同价、结算价、竣工决算价。

①在项目建议书阶段，按照有关规定编制的初步投资估算，经有关部门批准，作为拟建项目列入国家中长期计划和开展前期工作的控制造价。

②在项目可行性研究阶段，按照有关规定编制的投资估算，经有关部门批准，作为该项目的控制造价。

③在初步设计阶段，按照有关规定编制的初步设计总概算，经有关部

门批准，作为拟建项目工程造价的最高限额。

④在施工图设计阶段，按照规定编制施工图预算，用以核实施工图阶段预算造价是否超过批准的初步设计概算。

⑤对以施工图预算为基础实施招标的工程，承包合同价是以经济合同形式确定的建筑安装工程造价。

⑥在工程实施阶段，按照承包方实际完成的工程量，以合同价为基础，同时考虑因物价变动所引起的造价变更，以及设计中难以预计的而在实施阶段实际发生的工程和费用，合理确定结算价。

⑦在竣工验收阶段，全面汇集在工程建设过程中实际花费的全部费用，编制竣工决算，如实体现建设工程的实际造价。

(2) 工程造价的有效控制

所谓工程造价的有效控制，就是在优化建设方案、设计方案的基础上，在建设程序的各个阶段，采用一定的方法和措施将工程造价的发生控制在合理的范围和核定的造价限额以内。具体来说，要用投资估算价控制设计方案的选择和初步设计概算造价，用概算造价控制技术设计和修正概算造价，用概算造价或修正概算造价控制施工图设计和预算造价，以求合理地使用人力、物力和财力，取得较好的投资效益。

有效地控制工程造价应体现以下三项原则：

①以设计阶段为重点的建设全过程造价控制。工程造价控制贯穿于项目建设全过程的同时，应注重工程设计阶段的造价控制。工程造价控制的关键在于前期决策和设计阶段，而在项目投资决策完成后，控制工程造价的关键就在于设计。建设工程全寿命期费用包括工程造价和工程交付使用后的经常开支费用(含经营费用、日常维护修理费用、使用期内大修理和局部更新费用)，以及该项目使用期满后的报废拆除费用等。长期以来，我国往往把控制工程造价的主要精力放在施工阶段——审核施工图预算、结算建筑安装工程价款，对工程项目策划决策阶段的造价控制重视不够。要有效地控制建设工程造价，就应将工程造价管理的重点转到工程项目策划决策阶段。

②实施主动控制。长期以来，人们一直把控制理解为目标值与实际值的比较，以及当实际值偏离目标值时，分析其产生偏差的原因，并确定下一步的对策。在工程建设全过程中进行这样的工程造价控制当然是有意义的。

但问题在于，这种立足于调查—分析—决策基础之上的偏离—纠偏—再偏离—再纠偏的控制是一种被动控制，这样做只能发现偏离，不能预防可能发生的偏离。为了尽可能地减少以至避免目标值与实际值的偏离，还必须立足于事先主动地采取控制措施，实施主动控制。也就是说，工程造价控制不仅要反映投资决策，反映设计、发包和施工，被动地控制工程造价；更要能动地影响投资决策，影响工程设计、发包和施工，主动地控制工程造价。

③技术与经济相结合是控制工程造价最有效的手段。要有效地控制工程造价，应从组织、技术、经济等方面采取措施。从组织上采取的措施，包括明确项目组织结构，明确造价控制者及其任务，明确管理职能分工；从技术上采取措施，包括重视设计多方案选择，严格审查监督初步设计、技术设计、施工图设计、施工组织设计，深入技术领域研究节约投资的可能性；从经济上采取措施，包括动态地比较造价的计划值和实际值，严格审核各项费用支出，采取对节约投资的有力奖励措施等。

第二节　我国现行建设工程造价成本管理制度

一、相关政策法律体系

建设工程造价管理领域，有一系列法律法规、政策性文件。为体现全国范围的实用性，本节对于法律法规体系的研究，从法律、行政法规、部门规章三个层面进行分析，不涉及地方性规章。

(一) 相关法律

我国现行的法律中，工程造价管理的主要依据有《中华人民共和国建筑法》(以下简称《建筑法》)、《中华人民共和国招标投标法》(以下简称《招标投标法》)、《中华人民共和国民法典》(以下简称《民法典》) 和《中华人民共和国价格法》(以下简称《价格法》)。

《建筑法》分总则、建筑许可、建筑工程发包与承包、建筑工程监理、建筑安全生产管理、建筑工程质量管理、法律责任、附则共 8 章 85 条，自 1998 年 3 月 1 日起施行。建筑活动的范围涉及各类房屋建筑及其附属设施的建造和与其配套的线路、管道、设备的安装活动。其中承发包价格和工程款的支付是工程造价管理的重要部分。《建筑法》第十八条规定："建筑工程造价应当按照国家有关规定，由发包单位与承包单位在合同中约定。公开招标发包的，其造价的约定，须遵守招标投标法律的规定。发包单位应当按照合同规定支付工程价款。"这为工程造价管理中的承发包价格和工程款支付的管理提供了基本依据；对于工程造价管理的参与主体，《建筑法》分别从建筑工程发包、承包、监理等方面作了重要规定。严格发包过程中的招标投标和合同管理，明确承包商的资质要求与分包行为要求，并提出大力推行建设工程监理制度，引入建设工程活动的第三方约束。在过程管理方面，《建筑法》主要对施工许可、勘察设计、施工合同和保修阶段的几个重要部分提高要求、明确责任。在要素管理方面，《建筑法》注重建设工程质量管理、安全生产管理，保证建设工程实施的控制效果。

另外，《建筑法》中关于法律责任的条款，为从事工程建设的参与各方明确了责任边界，并为工程建设过程管理提供了依据。

《招标投标法》规范了建设工程招投标过程中各环节的主要活动，对工程造价有着直接和间接的影响。在投标阶段，第三十三条规定"投标人不得以低于成本的报价竞标"，旨在维护招投标市场的健康发展；第九条规定"招标人应当有进行招标项目的相应资金或者资金来源已经落实"，是为了防止承包商之间的恶意竞标，以及招标方要求承包方垫资承包等有碍公平竞争的现象。在评标阶段，第三十七条规定"评标委员会由招标人的代表和有关技术、经济等方面的专家组成，成员人数为五人以上单数，其中技术、经济等方面的专家不得少于成员总数的三分之二"，以提高招标投标项目技术上的可行性与经济上的合理性，确保项目的投资效益。在保证招标投标价格合理确定、促进有效市场竞争性方面，第四十三条规定"在确定中标人前，招标人不得与投标人就投标价格、投标方案等实质性内容进行谈判"。在合理选择中标人方面，第四十一条规定"中标人应当能够最大限度地满足招标文件中规定的各项综合评价标准，或能够满足招标文件的实质性要求，并且经评审的投标价格最低；但是投标价格低于成本的除外"。《招标投标法》明确了招标投标双方的权利和义务，提供了招标投标活动的操作原则。对于保证招标投标活动的公平合理、有效竞争，以及工程造价的合理确定、有效控制等方面都具有重要意义。

《民法典》中第三编合同的法律条款，内容主要有合同的订立、合同的效力、合同的履行、合同的变更和转让、合同的权利义务终止、违约责任等。建设工程承发包活动作为一种民事契约行为，应当严格遵照《民法典》的有关规定。《民法典》中规定，合同的内容应当包括标的、数量、质量、价款或者报酬、履行期限、履行地点和方式、违约责任等。建设工程造价管理活动中，通过合同实现的承发包最终价格是业主方、承包方和监理方进行造价管理的主要依据，也是建设工程造价管理运行机制的节点。《民法典》从法律的角度将各方的造价管理结合在一起，形成一个兼顾各方利益的运行机制，对于合同管理过程中的常规问题都有明确规定。《建设工程施工合同》是承包人进行工程建设，发包人支付价款的合同，也是建设工程管理使用最多的合同。工程建设过程中涉及其他主要合同，如设备材料的买卖合同、建设工程监理合同、货物运输合同、工程建设资金借款合同、机械设备租赁合同也应当遵守《民法典》的规定。《民法典》规范了合同的管理工作，强化了合同的法律效力，为合同的管理提供了基本依据。

《价格法》的内容包括经营者的价格行为、政府的定价行为、价格总水平调控、价格监督检查等。建设工程造价的确定要依据市场的价格体系，应当遵从《价格法》的规定。

《价格法》第二条规定"本法所称价格包括商品价格和服务价格。商品价格是指各类有形产品和无形资产的价格。服务价格是指各类有偿服务的收费"。

《价格法》第八条规定"经营者定价的基本依据是生产经营成本和市场供求状况"。

《价格法》第九条规定"经营者应当努力改进生产经营管理，降低生产经营成本，为消费者提供价格合理的商品和服务，并在市场竞争中获取合法利润"。

由此可见，《价格法》指明了建设工程造价的形成应当以建设生产经营成本为依据，还要结合建筑市场供求状况，并加上合理的竞争利润。因此，工程商品的价格、咨询服务的费用、建设承发包的定价、委托监理的合同价均应以此法为依据。

(二) 相关行政法规

我国现行的行政法规中，与工程造价管理相关的主要有《建设工程质量管理条例》《建设工程勘察设计管理条例》等。

《建设工程质量管理条例》的内容主要包括建设单位、勘察设计单位、施工单位和工程监理单位的质量责任和义务，以及建设工程质量保修、监督管理、罚则等。《建设工程质量管理条例》从建设工程质量角度出发，在保证工程质量的前提下，提出了对于工程造价控制的要求，从而调整了建设工程质量管理与工程造价管理的关系。《建设工程质量管理条例》明确了参建各方对于工程质量管理的责任和义务，并对工程质量强制性标准作出了明确规定，对保证工程质量、控制工程质量成本、提高投资效益具有重要的意义。

《建设工程勘察设计管理条例》主要包括勘察设计单位的资质、资格管理建设工程勘察设计发包与承包建设工程勘察设计文件的编制与实施、监督管理等内容。工程勘察设计阶段的花费较小，但是勘察设计的结果对工程造价的影响巨大。《建设工程勘察设计管理条例》第三条规定"建设工程勘察、设计应当与社会、经济发展水平相适应，做到经济效益、社会效益和环境效益相统一"，阐明了工程勘察设计的目的不单是满足使用要求，还应注重经济效益，进而需加强工程勘察设计阶段的造价管理工作。勘察设计阶段形成的工作成果将作为工程造价管理的重要依据，严格遵循《建设工程勘察设计管理条例》，能够提高勘察设计工作质量，有利于工程造价的事前管理。

(三) 相关部门规章

建设领域部门规章由国务院各部委根据法律、行政法规发布，其中综合性规章主要由住房和城乡建设部或联合其他部委共同发布。其他部委主要颁布与本部门管辖范围内的专业工程相关的规定。部门规章对全国有关行政管理部门具有约束力，但效力低于行政法规。国家对建设工程造价管理的一个重要方面是通过各部委制定规章，约束、指导建设工程参建各方对造价进行有效管理。这些规章经过不断完善，已形成体系，并渗透在整个建设过程当中。

二、计价模式和计价依据

计价模式是指根据计价依据计算工程造价的程序和方法，具体包括工程造价的构成、计价的程序、计价的方式及最终价格的确定等。计价模式对工程造价起着十分重要的作用。首先，工程计价模式是工程造价管理的基本内容之一，是国家进行工程造价管理的手段；其次，由于建筑产品具有单件性、固定性和建造周期长等特点，必须根据计算工程造价的基础资料，借助于一种特殊的计价程序，并依据它们各自的功能与特定条件进行单独计价，计价模式对于工程造价的管理起到十分重要的作用。

计价依据是指用以计算工程造价的基础资料的总称，它具有一定的权威性和较强的指导性。计价依据必须满足的特点：准确可靠，符合实际；可信度高，有权威性；数据化表达，便于计算；定性描述清晰，便于正确利用。计价模式和计价依据是政府管理工程造价的介质，是业主方、承包方、咨询单位进行具体工程管理的规范依据，是工程造价管理市场发展的决定因素，属于工程造价管理制度的范畴。

工程量清单计价模式，是指建设工程招投标中，按照国家统一的工程量清单计价规范，招标人或委托具有相应资质的中介机构编制反映工程实体消耗和措施消耗的工程量清单，并作为招标文件的一部分提供给投标人，由投标人依据工程量清单，根据各种渠道所获得的工程造价信息和经验数据，结合企业定额自主报价的计价模式。此种计价模式是国际上工程建设招标投标活动的通行做法，它反映的是工程的个别成本，而不是社会平均成本。工程量清单将实体消耗量费用和措施费分离，使施工企业在投标中技术水平的竞争能够分别表现出来，可以充分发挥施工企业自主定价的能动性。另外，由于工程量清单由业主方提供，工程量发生变化带来的损失由业主承担，而综合单价发生变化造成的损失由承包方承担。这就形成了明确的风险分担机制，即业主承担工程量变化的风险，而承包方承担价格变化的风险。

工程量清单模式下的工程造价，应包括按招标文件规定，完成工程量清单所列项目的全部费用，并以分部分项工程费、措施项目费、其他项目费、规费和税金设置。一般情况下，实行工程量清单模式的建设工程，首先由招标人或招标代理单位依据招标文件、施工图纸、技术资料，核算出工程量，提供工程量清单，列入招标文件中；其次，参加投标的单位以自身企业人员素质、机械设备情况、企业管理水平等技术资源为依据确定综合单价；再次，用清单项目的实物工程量乘以综合单价，再加上措施项目和其他项目费用，确定出清单项目费用总和；最后，在考虑行政事业性收费和税金等因素的基础上进行投标报价。因此，工程量清单计价模式一般分为两个程序，即工程量清单编制和工程量清单计价。

（一）工程量清单编制

工程量清单是表现拟建工程的分部分项工程项目、措施项目、其他项目名称和相应数量的明细清单，由招标人按照《建设工程工程量清单计价规范》附录中规定的统一项目编码、项目名称、计量单位和工程量计算规则，结合施工图纸、施工现场情况和招投标文件中的有关要求进行编制。内容包括分部分项工程清单、措施项目清单和其他项目清单。工程量清单是由招标方提供的一种技术文件，是招标文件的组成部分，一经中标签订合同，即成为合同的组成部分。工程量清单的描述对象是拟建工程，其内容涉及清单项目的做法特征和数量等，并以表格为主要表现形式。对于工程数量，除另有说明外，所有清单项目的工程量应以拟建工程的实体工程量为准，并以完成的净值计算。

（二）工程量清单计价

工程量清单计价包括编制招标标底、投标报价、合同价款的确定和办理工程结算等。对于实行招标投标并设标底的建设工程，招标标底应当严格按照有关规定进行编制，以清单提供的工程数量，按市场价格计价。投标报价是投标人在对招标文件进行深入的分析、审核的基础上，按照工程量清单提供的项目采用综合单价进行套用并汇总计算得出的。合同价一般应以中标价确定，施工过程中如有变动，应当由承包人提出，经发包人确认后作为合同变更和办理结算的依据。

第三节　我国工程造价成本管理的组织系统

一、我国工程造价管理组织系统的基本内涵

工程造价管理的组织，是指为了实现工程造价管理目标而进行的有效组织活动，以及与造价管理功能相关的有机群体。它是工程造价动态的组织活动过程和相对静态的造价管理部门的统一。

二、我国工程造价管理组织系统

为了实现工程造价管理目标并开展有效的组织活动，我国设置了多部门、多层次的工程造价管理机构，并规定了各自的管理权限和职责范围。

工程造价管理组织有以下三个系统。

(一) 政府行政管理系统

政府在工程造价管理中既是宏观管理主体，也是政府投资项目的微观管理主体。从宏观管理的角度，政府对工程造价管理有一个严密的组织系统，设置了多层管理机构，规定了管理权限和职责范围。

1. 国务院建设主管部门的造价管理机构

国务院建设主管部门的造价管理机构主要职责如下：

(1) 组织制定工程造价管理有关法规、制度，并组织贯彻实施。

(2) 组织制定全国统一经济定额和制定、修订本部门经济定额。

(3) 监督指导全国统一经济定额和本部门经济定额的实施。

(4) 制定和负责全国工程造价咨询企业的资质标准及其资质管理工作。

(5) 制定全国工程造价管理专业人员执业资格准入标准，并监督执行。

2. 国务院其他部门的工程造价管理机构

国务院其他部门的工程造价管理机构包括水利、水电、电力、石油、石化、机械、冶金、铁路、煤炭、建材、林业、有色、核工业、公路等行业和军队的造价管理机构。其主要职责是修订、编制和解释相应的工程建设标准定额；此外有的还担负本行业大型或重点建设项目的概算审批、概算调整等职责。

3. 省、自治区、直辖市工程造价管理部门

省、自治区、直辖市工程造价管理部门的主要职责是修编、解释当地定额、收费标准和计价制度等；此外，还有审核国家投资工程的标底、结算，处理合同纠纷等职责。

(二) 企事业单位管理系统

企事业单位对工程造价的管理，属于微观管理的范畴。设计单位、工程造价咨询企业等按照业主或委托方的意图，在可行性研究和规划设计阶段合理确定和有效控制建设工程造价，通过限额设计等手段实现设定的造价管理目标；在招投标工作中编制招标文件、标底，参加评标、合同谈判等工作；在项目实施阶段，通过工程计量与支付、工程变更与索赔管理等控制工程造价。设计单位、工程造价咨询机构通过在全过程造价管理中的业绩，赢得信誉，提高市场竞争力。

工程承包企业的造价管理是企业自身管理的重要内容。工程承包企业设有自己专门的职能机构参与企业的投标决策，并通过对市场的调查研究，利用过去积累的经验，研究报价策略，提出报价；在施工过程中，进行工程造价的动态管理，注意各种调价因素的发生和工程价款的结算，避免收益流失，以促进企业盈利目标的实现。

(三) 行业协会管理系统

全国各省、自治区、直辖市及一些大中城市，先后成立了工程造价管理协会，对工程造价咨询工作和造价工程师实行行业管理。中国建设工程造价管理协会的业务范围包括：

（1）研究工程造价管理体制改革、行业发展、行业政策、市场准入制度及行为规范等理论与实践问题。

（2）探讨提高政府和业主项目投资效益，科学预测和控制工程造价，促进现代化管理技术在工程造价咨询行业的运用，向国务院建设行政主管部门提出建议。

（3）接受国务院建设行政主管部门委托，承担工程造价咨询行业和造价工程师执业资格及职业教育等具体工作，研究提出与工程造价有关的规章制

度及工程造价咨询行业的资质标准、合同范本、职业道德规范等行业标准，并推动实施。

（4）对外代表我国造价工程师组织和工程造价咨询行业与国际组织及各国同行组织建立联系与交流，签订有关协议，为会员开展国际交流与合作等对外业务服务。

（5）建立工程造价信息服务系统，编辑、出版有关工程造价方面的刊物和参考资料，组织交流和推广工程造价咨询先进经验，举办有关职业培训和国际工程造价咨询业务研讨活动。

（6）在国内外工程造价咨询活动中，维护和增进会员的合法权益，协调解决会员和行业间的有关问题，受理关于工程造价咨询执业违规的投诉，配合国务院建设行政主管部门进行处理，并向政府部门和有关方面反映会员单位和工程造价咨询人员的建议和意见。

（7）指导各专业委员会和地方造价管理协会的业务工作。

（8）组织完成政府有关部门和社会各界委托的其他业务。

第二章　工程造价的构成

第一节　设备及工器具购置费用的构成

一、工程造价构成概述

(一) 工程造价的含义

工程造价通常是指工程建设预计或实际支出的费用。由于所处的角度不同，工程造价有不同的含义。

从投资者 (业主) 的角度分析，工程造价是指建设一项工程预期开支或实际开支的全部固定资产投资费用。投资者为了获得投资项目的预期效益，需要对项目进行策划、决策及建设实施，直至竣工验收等一系列投资管理活动结束。在上述活动中所花费的全部费用，就构成了工程造价。从这个意义上讲，建设工程造价就是建设工程项目固定资产总投资。

从市场交易的角度分析，工程造价是指为建成一项工程，预计或实际在工程发承包交易活动中所形成的建筑安装工程费用或建设工程总费用。显然，工程造价的这种含义是指以建设工程这种特定的商品形式作为交易对象，通过招标投标或其他交易方式，在进行多次预估的基础上，最终由市场形成的价格。这里的工程既可以是涵盖范围很广的一个建设工程项目，也可以是其中的一个单项工程或单位工程，甚至可以是整个建设工程中的某个阶段，如建筑安装工程、装饰装修工程，或者其中的某个组成部分。随着经济发展、技术进步、分工细化和市场的不断完善，工程建设中的中间产品也会越来越多，商品交换会更加频繁，工程价格的种类和形式也会更加丰富。尤其值得注意的是，投资主体的多元格局、资金来源的多种渠道，使相当一部分建设工程的最终产品作为商品进入流通领域。如技术开发区的工业厂房、仓库、写字楼、公寓、商业设施和住宅开发区的大批住宅、配套公共设施等，都是投资者为实现投资利润最大化而生产的建筑产品，它们的价格是商品交易中现实存在的，是一种有加价的工程价格。

工程承发包价格是工程造价中一种重要的也较为典型的价格交易形式，是在建筑市场通过招标投标，由需求主体（投资者）和供给主体（承包商）共同认可的价格。

工程造价的两种含义实质上就是从不同角度把握同一事物的本质。对市场经济条件下的投资者来说，工程造价就是项目投资，是"购买"工程项目要付出的价格；同时，工程造价也是投资者作为市场供给主体"出售"工程项目时确定价格和衡量投资经济效益的尺度。

（二）工程造价的作用

工程造价涉及国民经济各部门、各行业，涉及社会再生产中的各个环节，也直接关系到人民群众的生活和城镇居民的居住条件，因此它的作用范围和影响程度都很大。其作用主要表现在以下五个方面。

1. 工程造价是项目决策的依据

工程造价决定着项目的一次性投资费用。投资者是否有足够的财务能力支付这笔费用，是否认为值得支付这笔费用，是项目决策中要考虑的主要问题，也是投资者必须首先解决的问题。因此，在项目决策阶段，建设工程造价就成为项目财务分析和经济评价的重要依据。

2. 工程造价是制订投资计划和控制投资的依据

投资计划是按照建设工期、工程进度和建设工程价格等逐年分月加以制订的。正确的投资计划有助于合理和有效地使用资金。

工程造价是通过多次预估后最终通过竣工决算确定下来的。由于每一次估算都不能超过前一次估算的一定幅度，每一次预估的过程就是对造价的控制过程。这种控制是在投资者财务能力的限度内为取得既定的投资效益所必需的。此外，投资者利用制定各类定额、标准和参数等控制工程造价的计算依据，也是控制建设工程投资的表现。

3. 工程造价是筹集建设资金的依据

投资体制的改革和市场经济的建立，要求项目投资者必须有很强的筹资能力，以保证工程建设有充足的资金供应。工程造价基本决定了建设资金的需求量，从而为筹集资金提供了比较准确的依据。当建设资金来源于金融机构的贷款时，金融机构在对项目偿贷能力进行评估的基础上，也需要依据工程造价来确定给予投资者的贷款数额。

4. 工程造价是评价投资效果的重要指标

工程造价是一个包含多层次工程造价的体系。就一个工程项目而言，它既包含建设项目的总造价，又包含单项工程的造价和单位工程的造价，同时包含单位生产能力的造价和单位建筑面积的造价等。工程造价自身形成一个指标体系，能够为评价投资效果提供多种评价指标，并能够形成新的价格信息，为今后类似项目的投资提供参照。

5. 工程造价是利益合理分配和调节产业结构的手段

工程造价的高低涉及国民经济各部门和企业间的利益分配。在市场经济体制下，工程造价会受供求状况的影响，并在围绕价值的波动中实现对建设规模、产业结构和利益分配的调节。加上政府正确的宏观调控和价格政策导向，工程造价在这方面的作用会充分发挥出来。

二、设备及工器具购置费用的构成分析

设备及工器具购置费用是由设备购置费和工具、器具及生产家具购置费组成的，它是固定资产投资中的积极部分。在生产性工程建设中，设备及工器具购置费用占工程造价比例的增大，意味着生产力和资本有机构成的提高。

(一) 设备购置费的构成及计算

1. 设备购置费的定义

设备购置费是指为建设项目购置或自制的达到固定资产标准的各种国产或进口设备、工具、器具的费用。其计算公式如式 (2.1) 所示。

$$设备购置费 = 设备原价 + 设备运杂费 \qquad (2.1)$$

2. 设备原价的构成及计算

(1) 国产标准设备

国产标准设备是指按照主管部门颁布的标准图样和技术要求，由我国设备生产企业批量生产的，符合国家质量检测标准的设备。

国产标准设备原价等于出厂价或订货价。它分为两种：一种为带备件的原价，另一种为不带备件的原价。一般情况下指的是带备件的原价。

（2）国产非标准设备

国产非标准设备是指国家尚无定型标准，各设备企业不能批量生产，只能按一次订货，并具体设计、单个制造的设备。

国产非标准设备原价通过计算确定。其中计算方法有成本计算估价法、系列设备插入估价法、分部组合估价法及定额估价法等。现介绍成本计算估价法。其原价构成包括以下十项内容：

①材料费：

$$材料费 = 材料净重 \times （1+ 加工损耗系数） \times 每吨材料综合价 \quad (2.2)$$

②加工费：包括生产工人工资和工资附加费、燃料动力费、设备折旧费及车间经费等。其计算公式如式（2.3）所示。

$$加工费 = 设备总质量（t） \times 设备每吨加工费 \quad (2.3)$$

③辅助材料费：包括电焊条、焊螺纹、氧气、氩气、油漆及电石等费用。其计算公式如式（2.4）所示。

$$辅助材料费 = 设备总质量（t） \times 辅助材料指标 \quad (2.4)$$

④专用工具费：按①～③项之和乘以一定百分率计算。

⑤废品损失费：按①～④项之和乘以一定百分率计算。

⑥外购配套件费：按设备设计图样所列的外购配套件的名称、型号、规格、数量及重量，根据相应的价格加运杂费计算。

⑦包装费：按①～⑥项之和乘以一定百分率计算。

⑧利润：按①～⑤项加⑦项之和乘以一定利润率计算。

⑨税金：主要指增值税。其计算公式如式（2.5）所示。

$$增值税 = 当期销项税额 - 进项税额 \quad (2.5)$$
$$当期销项税额 = 销售额 \times 适用增值税率 \quad (2.6)$$

式（2.6）中销售额为①～⑧项之和。

⑩非标设备设计费：按国家规定的设计费收费标准计算。

综上所述，单台非标准设备原价计算公式如式（2.7）所示。

单台非标准设备原价 = {[（材料费 + 加工费 + 辅助材料费）×（1+ 专用工具费率）×（1+ 废品损失率）+ 外购配套件费]×（1+ 包装费率）- 外购配套件

费 } × (1+ 利润率)+ 当期销项税额 + 非标准设备设计费 + 外购配套件费 (2.7)

（3）进口设备

进口设备的原价是指进口设备的抵岸价，即抵达买方边境港口或边境车站，且交完关税等费用后形成的价格。它的构成与进口设备的交货类别有关。

①进口设备的交货类别。进口设备的交货类别可分为内陆交货类、目的地交货类和装运港交货类，如表 2-1 所示。

表 2-1　进口设备交货类别

交货类别	交货地点及内容
内陆交货类	卖方在出口国内陆的某个地点交货 特点：买方承担风险大
目的地交货类	卖方在进口国的港口或内地交货，又分目的港船上交货价、目的港船边交货价、目的港码头交货价（关税已付）及完税后交货价（进口国的指定地点）等 特点：卖方承担风险大
装运港交货类	卖方在出口国装运港交货，主要有装运港船上交货价（FOB，习惯称离岸价），运费在内价（C&F）和运费、保险费在内价（CIF，习惯称抵岸价） 特点：卖方按照约定的时间在装运港交货，只要卖方把合同规定的货物装船后提供货运单据便完成交货任务，可凭单据收回货款

装运港船上交货价（FOB）是我国进口设备采用最多的一种货价。采用船上交货价时卖方的责任是：在规定的期限内，负责在合同规定的装运港口将货物装上买方指定的船只，并及时通知买方；负担货物装船前的一切费用和风险，负责办理出口手续；提供出口国政府或有关方面签发的证件；负责提供有关装运单据。买方责任：负责租船或订舱，支付运费，并将船期、船名通知卖方；负担货物装船后的一切费用和风险；负责办理保险及支付保险费，办理在目的港的进口收货手续；接受卖方提供的有关装运单据，并按合同规定支付货款。

②进口设备原价（抵岸价）的构成及计算。

进口设备原价 =FOB + 国际运费 + 运输保险费 + 银行财务费 + 外贸手续费 + 关税 + 消费税 + 增值税 + 海关监管手续费 + 车辆购置附加税 (2.8)

a. FOB（又称离岸价）：装运港船上交货价，分为原币货价和人民币货价。

原币一律折算为美元表示，人民币货价按原币货价乘以外汇市场美元兑换人民币中间价确定。FOB 按厂商询价、报价或合同价计算。

b. 国际运费：从出口国装运港（站）到达进口国装运港（站）的运费。我国进口设备主要采用海洋运输，少数用铁路，个别用空运。

c. 运输保险费：对外贸易货物运输保险是由保险人（公司）与被保险人（出口人或进口人）订立保险契约，在被保险人交付议定的保险费后，保险人根据保险契约的规定对货物在运输过程中发生的承保责任范围内的损失给予经济上的补偿，是一种财产保险。

以上 a，b 合起来便是运费在内价（C＆F），而以上 a，b，c 合起来便是到岸价（CIF）。

d. 银行财务费：一般是指我国银行的手续费。

e. 外贸手续费：按对外经济贸易部规定的外贸手续费率计取的费用，该项手续费率一般取 1.5％。

f. 关税：由海关对进出国境或关境的货物或物品征收的一种税。

g. 增值税：是对从事进口贸易的单位和个人，在进口商品报关进口后征收的税种。我国增值税条例规定，进口应税产品均按组成计税价格和增值税税率直接计算应纳税额。

h. 消费税：仅对部分进口设备（如轿车、摩托车等）征收。

i. 海关监管手续费：海关对进口减税、免税和保税货物实施监督、管理并提供服务的手续费。

j. 车辆购置附加费：进口车辆需缴纳进口车辆购置附加费。

3. 设备运杂费构成及计算

(1) 设备运杂费构成。

设备运杂费构成，如表 2-2 所示。

表 2-2　设备运杂费构成

序号	设备运杂费构成	内容
1	运费和装卸费	国产设备：由设备交货点到工地仓库为止所发生的运输费和装卸费
		进口设备：由我国港口或边境车站到工地仓库为止所发生的运输费和装卸费

序号	设备运杂费构成	内容
2	包装费	原价没有包括的为运输而进行的包装支出的各种费用
3	供销部手续费	按有关部门规定统一费率计算
4	采购与仓库保管费	指采购、验收、保管和收发设备所发生的各种费用，包括设备采购人员、保管人员和管理人员工资、工资附加费、办公费、差旅费、供应部门办公和仓库所占固定资产使用费、工具使用费、劳动保护费及检验试验费等。按主管部门规定的采购与保管费率计算

(2) 设备运杂费计算。

设备运杂费按设备原价乘以设备运杂费费率计算，其公式如式(2.9)所示。

$$设备运杂费 = 设备原价 × 设备运杂费率 \qquad (2.9)$$

其中，费率按各部门及省、市等的规定计取。

(二) 工具、器具及生产家具购置费的构成及计算

工具、器具及生产家具购置费，是指新建或扩建项目初步设计规定的，保证初期正常生产必须购置的没有达到固定资产标准的设备、仪器、工卡模具、器具、生产家具和备品备件等的购置费用。该费用一般以设备购置费为计算基数，按照部门或行业规定的工具、器具及生产家具费率计算。计算公式如式(2.10)所示。

$$工具、器具及生产家具购置费 = 设备购置费 × 定额费率 \qquad (2.10)$$

第二节 建筑安装工程费用构成

一、我国现行建筑安装工程费用构成的依据

为适应深化工程计价改革的需要，根据国家有关法律、法规及相关政策，在总结原建设部、财政部《关于印发〈建筑安装工程费用项目组成〉的通知》(建标〔2003〕206号) 执行情况的基础上，住房和城乡建设部、财政部于2013年3月联合发布了《关于印发〈建筑安装工程费用项目组成〉的通知》(建标〔2013〕44号)，规定我国现行建筑安装工程费用项目的具体组成，

并规定《建筑安装工程费用项目组成》自 2013 年 7 月 1 日起施行，建标〔2003〕206 号通知同时废止。

二、建筑安装工程费按照费用构成要素划分

建筑安装工程费按照费用构成要素划分，由人工费、材料（包含工程设备，下同）费、施工机具使用费、企业管理费、利润、规费和税金组成。其中，人工费、材料费、施工机具使用费、企业管理费和利润包含在分部分项工程费、措施项目费、其他项目费中。

(一) 人工费

人工费是指按工资总额构成规定，支付给从事建筑安装工程施工的生产工人和附属生产单位工人的各项费用。

（1）计时工资或计件工资。按计时工资标准和工作时间或对已做工作按计件单价支付给个人的劳动报酬。

（2）奖金。对超额劳动和增收节支支付给个人的劳动报酬，如节约奖、劳动竞赛奖等。

（3）津贴补贴。为了补偿职工特殊或额外的劳动消耗和因其他特殊原因支付给个人的津贴，以及为了保证职工工资水平不受物价影响支付给个人的物价补贴，如流动施工津贴、特殊地区施工津贴、高温（寒）作业临时津贴、高空津贴等。

（4）加班加点工资。按规定支付的在法定节假日工作的加班工资和在法定日工作时间外延时工作的加点工资。

（5）特殊情况下支付的工资。根据国家法律、法规和政策规定，因病、工伤、产假、计划生育假、婚丧假、事假、探亲假、定期休假、停工学习、执行国家或社会义务等原因按计时工资标准或计时工资标准的一定比例支付的工资。

(二) 材料费

材料费是指施工过程中耗费的原材料、辅助材料、构配件、零件、半成品或成品、工程设备的费用。

（1）材料原价。材料、工程设备的出厂价格或商家供应价格。

（2）运杂费。材料、工程设备自来源地运至工地仓库或指定堆放地点所发生的全部费用。

（3）运输损耗费。材料在运输装卸过程中不可避免的损耗费用。

（4）采购及保管费。为组织采购、供应和保管材料、工程设备的过程中所需要的各项费用，包括采购费、仓储费、工地保管费、仓储损耗费用。

工程设备是指构成或计划构成永久工程一部分的机电设备、金属结构设备、仪器装置及其他类似的设备和装置。

（三）施工机具使用费

施工机具使用费是指施工作业所发生的施工机械、仪器仪表使用费或其租赁费。

1. 施工机械使用费

施工机械使用费以施工机械台班耗用量乘以施工机械台班单价表示，施工机械台班单价应由下列七项费用组成：

（1）折旧费。施工机械在规定的使用年限内，陆续收回其原值的费用。

（2）大修理费。施工机械按规定的大修理间隔台班进行必要的大修理，以恢复其正常功能所需的费用。

（3）经常修理费。施工机械除大修理以外的各级保养和临时故障排除所需的费用。包括为保障机械正常运转所需替换设备与随机配备工具、附具的摊销和维护费用，机械运转中日常保养所需润滑与擦拭的材料费用及机械停滞期间的维护和保养费用等。

（4）安拆费及场外运费。安拆费指施工机械（大型机械除外）在现场进行安装与拆卸所需的人工、材料、机械和试运转费用，以及机械辅助设施的折旧、搭设、拆除等费用；场外运费是指施工机械整体或分体自停放地点运至施工现场或由一施工地点运至另一施工地点的运输、装卸、辅助材料及架线等费用。

（5）人工费。机上司机（司炉）和其他操作人员的人工费。

（6）燃料动力费。施工机械在运转作业中所消耗的各种燃料及水、电等。

（7）税费。施工机械按照国家规定应缴纳的车船使用税、保险费及年检费等。

2. 仪器仪表使用费

工程施工所需使用的仪器仪表的摊销及维修费用。

(四) 企业管理费

企业管理费是指建筑安装企业组织施工生产和经营管理所需的费用。

(1) 管理人员工资。按规定支付给管理人员的计时工资、奖金、津贴补贴、加班加点工资及特殊情况下支付的工资等。

(2) 办公费。企业管理办公用的文具、纸张、账表、印刷、邮电、书报、办公软件、现场监控、会议、水电和集体取暖降温 (包括现场临时宿舍取暖降温) 等费用。

(3) 差旅交通费。职工因公出差、调动工作的差旅费，住勤补助费，市内交通费和误餐补助费，职工探亲路费，劳动力招募费，职工退休、退职一次性路费，工伤人员就医路费，工地转移费，以及管理部门使用的交通工具的油料、燃料等费用。

(4) 固定资产使用费。管理和试验部门及附属生产单位使用的属于固定资产的房屋、设备、仪器等的折旧、大修、维修或租赁费。

(5) 工具用具使用费。企业施工生产和管理使用的不属于固定资产的工具、器具、家具、交通工具和检验、试验、测绘、消防用具等的购置、维修和摊销费。

(6) 劳动保险和职工福利费。由企业支付的职工退职金、按规定支付给离休干部的经费、集体福利费、夏季防暑降温、冬季取暖补贴、上下班交通补贴等。

(7) 劳动保护费。企业按规定发放的劳动保护用品的支出，如工作服、手套、防暑降温饮料，以及在有碍身体健康的环境中施工的保健费用等。

(8) 检验试验费。施工企业按照有关标准规定，对建筑及材料、构件和建筑安装物进行一般鉴定、检查所发生的费用。包括自设试验室进行试验所耗用材料等的费用；不包括新结构、新材料的试验费，对构件做破坏性试验及其他特殊要求检验试验的费用和建设单位委托检测机构进行检测的费用。对此类检测发生的费用，由建设单位在工程建设其他费用中列支；但对施工企业提供的具有合格证明的材料进行检测不合格的，该检测费用由施工企业支付。

（9）工会经费。企业按《中华人民共和国工会法》规定的全部职工工资总额比例计提的工会经费。

（10）职工教育经费。按职工工资总额的规定比例计提，企业为职工进行专业技术和职业技能培训，专业技术人员继续教育、职工职业技能鉴定、职业资格认定，以及根据需要对职工进行各类文化教育所发生的费用。

（11）财产保险费。施工管理用财产、车辆等的保险费用。

（12）财务费。企业为施工生产筹集资金或提供预付款担保、履约担保、职工工资支付担保等所发生的各种费用。

（13）税金。企业按规定缴纳的房产税、车船使用税、土地使用税、印花税等。

（14）其他。包括技术转让费、技术开发费、投标费、业务招待费、绿化费、广告费、公证费、法律顾问费、审计费、咨询费、保险费等。

（五）利润

利润是指施工企业完成所承包工程获得的盈利。

（六）规费

规费是指按国家法律、法规规定，由省级政府和省级有关权力部门规定必须缴纳或计取的费用。

1. 社会保险费

（1）养老保险费。企业按照规定标准为职工缴纳的基本养老保险费。

（2）失业保险费。企业按照规定标准为职工缴纳的失业保险费。

（3）医疗保险费。企业按照规定标准为职工缴纳的基本医疗保险费。

（4）生育保险费。企业按照规定标准为职工缴纳的生育保险费。

（5）工伤保险费。企业按照规定标准为职工缴纳的工伤保险费。

2. 住房公积金

住房公积金是指企业按规定标准为职工缴纳的住房公积金。

3. 工程排污费

工程排污费是指按规定缴纳的施工现场工程排污费。

其他应列而未列入的规费，按实际发生计取。

(七)税金

税金是指国家税法规定的应计入建筑安装工程造价内的营业税、城市维护建设税、教育费附加及地方教育附加。

三、建筑安装工程费按照造价形成划分

建筑安装工程费按照工程造价形成分为分部分项工程费、措施项目费、其他项目费、规费、税金。其中，分部分项工程费、措施项目费、其他项目费包含人工费、材料费、施工机具使用费、企业管理费和利润。

(一)分部分项工程费

分部分项工程费各专业工程的分部分项工程应予列支的各项费用。

(1)专业工程。按现行国家计量规范划分的房屋建筑与装饰工程、仿古建筑工程、通用安装工程、市政工程、园林绿化工程、矿山工程、构筑物工程、城市轨道交通工程、爆破工程等各类工程。

(2)分部分项工程。按现行国家计量规范对各专业工程划分的项目。如房屋建筑与装饰工程划分的土石方工程、地基处理与桩基工程、砌筑工程、钢筋及钢筋混凝土工程等。

各类专业工程的分部分项工程划分见现行国家或行业计量规范。

(二)措施项目费

措施项目费是指为完成建设工程施工，发生于该工程施工前和施工过程中的技术、生活、安全、环境保护等方面的费用。

1. 安全文明施工费

(1)环境保护费。施工现场为达到环境保护部门要求所需要的各项费用。

(2)文明施工费。施工现场文明施工所需要的各项费用。

(3)安全施工费。施工现场安全施工所需要的各项费用。

(4)临时设施费。施工企业为进行建设工程施工所必须搭设的生活和生产用的临时建筑物、构筑物和其他临时设施的费用，包括临时设施的搭设

费、维修费、拆除费、清理费或摊销费等。

2. 夜间施工增加费

因夜间施工所发生的夜班补助、夜间施工降效、夜间施工照明设备摊销及照明用电等的费用。

3. 二次搬运费

因施工场地条件限制而发生的材料、构配件、半成品等一次运输不能到达堆放地点，必须进行二次或多次搬运所发生的费用。

4. 冬雨季施工增加费

在冬季或雨季施工需增加的临时设施、防滑、排除雨雪、人工及施工机械效率降低等的费用。

5. 已完工程及设备保护费

竣工验收前，对已完工程及设备采取的必要保护措施所发生的费用。

6. 工程定位复测费

工程施工过程中进行全部施工测量放线和复测工作的费用。

7. 特殊地区施工增加费

工程在沙漠或其边缘地区、高海拔、高寒、原始森林等特殊地区施工增加的费用。

8. 大型机械设备进出场及安拆费

机械整体或分体自停放场地运至施工现场或由一个施工地点运至另一个施工地点，所发生的机械进出场运输及转移费用，以及机械在施工现场进行安装、拆卸所需的人工费、材料费、机械费、试运转费和安装所需的辅助设施的费用。

9. 脚手架工程费

施工需要的各种脚手架搭拆费用、运输费用及脚手架购置费的摊销（或租赁）费用。

措施项目及其包含的内容详见各类专业工程的现行国家或行业计量规范。

(三) 其他项目费

1. 暂列金额

暂列金额是指建设单位在工程量清单中暂定并包括在工程合同价款中

的一笔款项。用于施工合同签订时尚未确定或者不可预见的所需材料、工程设备、服务的采购，施工中可能发生的工程变更、合同约定调整因素出现时的工程价款调整，以及发生的索赔、现场签证确认等的费用。

2. 计日工

在施工过程中，施工企业完成建设单位提出的施工图纸以外的零星项目或工作所需的费用。

3. 总承包服务费

总承包人为配合、协调建设单位进行的专业工程发包，对建设单位自行采购的材料、工程设备等进行保管，以及施工现场管理、竣工资料汇总整理等服务所需的费用。

第三节　工程建设其他费用的构成

一、工程建设其他费用的概念和分类

(一) 工程建设其他费用的概念

工程建设其他费用是指从工程筹建到工程竣工验收交付使用为止的整个建设期间，除建筑安装工程费用和设备、工器具购置费用以外的，为保证工程建设顺利完成和交付使用后能够正常发挥作用而发生的各项费用。

(二) 工程建设其他费用的分类

工程建设其他费用按其内容分为以下三大类：
(1) 土地使用。
(2) 与项目建设有关的其他费用。
(3) 与未来企业生产经营有关的其他费用。

二、土地使用费和其他补偿费

土地使用费是指建设项目使用土地应支付的费用，包括建设用地费、临时土地使用费，以及由于使用土地发生的其他补偿费，如水土保持补偿费等。建设用地费是指为获得工程项目建设用地的使用权而在建设期内发生的费用。取得土地使用权的方式有出让、划拨和转让三种方式。临时土地使用费是指临时使用土地发生的相关费用，包括地上附着物和青苗补偿费、土地恢复费及其他税费等。其他补偿费是指项目涉及的对房屋、市政、铁路、公路、管道、通信、电力、河道、水利、厂区、林区、保护区、矿区等不附属于建设用地的相关建构筑物或设施的补偿费用。

（一）农用土地征用费

农用土地征用费由土地补偿费、安置补助费、土地投资补偿费、土地管理费、耕地占用税等组成，并按被征用土地的原用途给予补偿。

征用耕地的补偿费用包括土地补偿费、安置补助费及地上附着物和青苗的补偿费。

（1）征用耕地的土地补偿费，为该耕地被征用前三年平均年产值的 6～10 倍。

（2）征用耕地的安置补助费，按照需要安置的农业人口数计算。需要安置的农业人口数，按照被征用的耕地数量除以征地前被征用单位平均每人占有耕地的数量计算。每一个需要安置的农业人口的安置补助费标准，为该耕地被征用前三年平均年产值的 4～6 倍。但是，每公顷被征用耕地的安置补助费，最高不得超过被征用前三年平均年产值的 15 倍。征用其他土地的土地补偿费和安置补助费标准，由省、自治区、直辖市参照征用耕地的土地补偿费和安置补助费的标准规定。

（3）征用土地上的附着物和青苗的补偿标准，由省、自治区、直辖市规定。

（4）征用城市郊区的菜地，用地单位应当按照国家有关规定缴纳新菜地开发建设基金。

（二）取得国有土地使用费

取得国有土地使用费包括土地使用权出让金、城市建设配套费、房屋征收与补偿费等。

①土地使用权出让金是指建设工程通过土地使用权出让方式，取得有限期的土地使用权，依照《中华人民共和国城镇国有土地使用权出让和转让

暂行条例》规定支付的费用。

②城市建设配套费是指因进行城市公共设施的建设而分摊的费用。

③房屋征收与补偿费是指根据《国有土地上房屋征收与补偿条例》的规定，房屋征收部门对被征收人给予的补偿。其内容包括：

a. 被征收房屋价值的补偿。

b. 因征收房屋造成的搬迁、临时安置的补偿。

c. 因征收房屋造成的停产停业损失的补偿。

市、县级人民政府应当制定补助和奖励办法，对被征收人给予补助和奖励。对被征收房屋价值的补偿，不得低于房屋征收决定公告之日被征收房屋类似房地产的市场价格。被征收房屋的价值，由具有相应资质的房地产价格评估机构按照房屋征收评估办法评估确定。

被征收人可以选择货币补偿，也可以选择房屋产权调换。被征收人选择房屋产权调换的，市、县级人民政府应当提供用于产权调换的房屋，并与被征收人计算、结清被征收房屋价值与用于产权调换房屋价值的差价。因旧城区改建征收个人住宅，被征收人选择在改建地段进行房屋产权调换的，作出房屋征收决定的市、县级人民政府应当提供改建地段或者就近地段的房屋。因征收房屋造成搬迁的，房屋征收部门应当向被征收人支付搬迁费；选择房屋产权调换的，产权调换房屋交付前，房屋征收部门应当向被征收人支付临时安置费或停产停业期间的损失等。具体办法由省、自治区、直辖市制定。房屋征收部门与被征收人依照规定，就补偿方式、补偿金额和支付期限、用于产权调换房屋的地点和面积、搬迁费、临时安置费或者周转用房、停产停业损失、搬迁期限、过渡方式和过渡期限等事项，订立补偿协议。实施房屋征收应当先补偿、后搬迁。作出房屋征收决定的市、县级人民政府对被征收人给予补偿后，被征收人应当在补偿协议约定或者补偿决定确定的搬迁期限内完成搬迁。

(三) 与项目建设有关的其他费用

与项目建设有关的其他费用，如表2-3所示。

表 2-3　与项目建设有关的其他费用

费用构成		内容及计算依据
建设管理费	建设单位管理费	建设单位发生的管理性质的开支，如建设管理采用工程总承包方式，其总包管理费山建设单位与总包单位根据总包工作范围在合同中商定，从建设管理费中支出
		计算方法：建设单位管理费 = 工程费用 × 建设单位管理费费率，其中工程费用是指建筑安装工程费用和设备及工器具购置费用之和
	工程监理费	受建设单位委托，工程监理机构为工程建设提供技术服务所发生的费用，属建设管理范畴；如采用监理，建设单位部分管理工作量转移至监理单位
		计算方法：监理费应根据委托的监理工作范用和监理深度在监理合同中商定或按当地或所属行业部门有关规定计算。建设工程监理费按照国家发展改革委员会、原建设部《建设工程监理与相关服务收费管理规定》(发改价格〔2007〕670号)计算；其他建设工程施工阶段的监理收费和其他阶段的监理与相关服务收费实行市场调节价
勘察设计费		对工程项目进行工程水文地质勘查、工程设计所发生的费用
		计算方法：勘察费按照原国家计划委员会、建设部《关于发布〈工程勘察设计收费管理规定〉的通知》(计价格〔2002〕10号)有关规定计算
研究试验费		为建设项目提供和验证设计参数、数据、资料等进行必要的研究和试验，以及设计规定在施工中必须进行试验、验证所需要的费用
		计算方法：按照设计提出需要研究试验的内容和要求计算
场地准备费和临时设施费	场地准备费	建设项目为达到工程开工条件所发生的、未列入工程费用的场地平整以及对建设场地余留的有碍于施工建设的设施进行拆除清理所发生的费用；改扩建项目一般只计拆除清理费
		计算方法：应根据实际工程量估算，或按工程费用的比例计算
	临时设施费	建设单位为满足施工建设需要而提供到场地界区的未列入工程费用的临时水、电、路信，气等工程和临时仓库、办公、生活等建(构)筑物的建设、维修、拆除、摊销费用或租赁费用，以及铁路、码头租赁等费用
		计算方法：按工程量计算，或者按工程费用比例计算。临时设施费 = 工程费用 × 临时设施费费率，其中临时设施费费率视项目特点确定

续表

费用构成	内容及计算依据
工程保险费	建设项目在建设期间根据需要对建筑工程、安装工程及机器设备和人身安全进行投保而发生的保险费用
	计算方法：根据投保合同计列保险费用或者按工程费用的比例估算 工程保险费 = 工程费用 × 工程保险费费率，其中工程保险费费率按选择的投保险种综合考虑
引进技术和进口设备材料其他费	引进技术和设备发生的但未计入引进技术费和设备材料购置费的费用
	计算方法：①图纸资料翻译复制费、备品备件测绘费根据引进项目的具体情况计列或按进口货价（FOB）的比例估列，备品备件测绘费时按具体情况估列；②出国人员费用依据合同或协议规定的费用标准计算，生活费按照财政部、外交部规定的现行标准计算；③来华人员费用依据引进合同或协议有关条款及来华技术人员派遣计划进行计算，来华人员接待费可按每人次费用指标计算；④进口设备材料国内检验费 = 进口设备材料到岸价（CIF）× 人民币外汇牌价（中间价）× 进口设备材料国内检验费费率
可行性研究费	在工程项目投资决策阶段，对有关建设方案、技术方案或生产经营方案进行的技术经济论证，以及编制、评审可行性研究报告等所需的费用
专项评价费	建设单位按照国家规定委托有资质的单位开展专项评价及有关验收工作发生的费用
特殊设备安全监督检验费	对在施工现场安装的列入国家特种设备范围内的设备（设施）检验检测和监督检查所发生的应列入项目开支的费用
	计算方法：按照建设项目所在省（市、自治区）安全监察部门的规定标准计算；无具体规定的，在编制投资估算和概算时可按受检设备现场安装费的比例估算
市政公用配套设施费	使用市政公用设施的工程项目，按照项目所在地政府有关规定建设或缴纳的市政公用设施建设配套费用
专利及专有技术使用费	专利及专有技术使用费是指在建设期内取得专利、专有技术、商标、商誉和特许经营的所有权或使用权发生的费用，包括工艺包费、设计及技术资料费、有效专利、专有技术使用费、技术保密费和技术服务费等，商标权、商誉和特许经营权费·软件费等

(四) 与未来企业生产经营有关的其他费用

与未来企业生产经营有关的其他费用，如表 2-4 所示。

表2-4 与未来企业生产经营有关的其他费用

费用构成	内容及计算依据
联合试运转费	联合试,运转费是指新建企业或新增生产工艺过程的扩建企业在竣工验收前,按设计规定进行整个车间的负荷或无负荷联合试运转发生费用支出大于试运转收入(试运转产品的销售和其他收入)的亏损部分 费用包括:试运转所需的原料、燃料、油料和动力的消耗费用,机械使用费,低值易耗品及其他物品的购置费和施工单位参加试运转人员的工资,以及专家指导开车费用等,不包括应由设备安装费用开支的单台设备调试及试车费用
	计算办法:按需要试运转车间的工艺设备购置费的百分率计算
生产准备费	生产准备费是指新建企业或新增生产能力的企业,为保证竣工交付使用进行必要的生产准备所发生的费用,包括生产人员培训费,生产单位提前进厂参加施工、设备安装及调试等人员的工资等费用
	计算办法:根据人数及培训时间按生产准备费用指标进行估算
办公和生活家具购置费	办公和生活家具购置费是指为保证新建、扩建、改建项目初期正常生产、使用和管理所需购置的办公和生活家具、用具等的费用
	计算办法:按设计定员人数乘以综合指标计算,一般为600~800元/人

第三章 前期策划阶段成本管理的优化策略

第一节 装配式混凝土建筑前期策划对工程成本的影响分析

装配式建筑指的是结构系统、外围防护系统、设备与管线系统、内装系统的主要部分采用预制部品部件集成的建筑。它主要包括装配式混凝土建筑、钢结构建筑及木结构建筑三种结构体系。这种建筑形式具有节能环保、提升劳动生产率及质量安全水平等优势。目前，我国装配式建筑尚处于初步发展阶段。装配式混凝土建筑与传统现浇混凝土建筑相比，其成本仍然偏高，这也成为限制装配式混凝土建筑发展的主要原因。为此，本节基于商品房装配式混凝土建筑，分析前期项目策划工程成本的影响，以便于有效控制装配式混凝土建筑成本。

装配式混凝土建筑项目前规划的目的是在预规划阶段平衡和协调政策分析、装配式指标实施计划分析、产品定位分析、全装修定位分析以及项目开发进度、质量、成本和销售等多个目标。

一、政策分析

建设方需了解项目所在地的地方政策。充分了解当地政策实施情况、技术壁垒、当地的行业市场资源分布情况，尤其是当地装配式政策的执行尺度。为保证项目后续顺利落地，需向多部门（审图、住建委、质监、房管等）征询，以规避项目的设计技术、施工技术及销售风险。

二、总体指标落实方案

装配式混凝土建筑可落实指标目前分为两种：

（1）土地出让合同上明确要求的。该地块必须落实的装配式建筑面积和装配式建筑单体装配率（预制率），该指标为本项目的最低指标要求。

（2）为享受当地装配式奖励政策，主动要求达到相关要求指标。结合当地的装配式奖励政策，建设方内部经过多方沟通及成本测算，主动要求落实更多、更高的装配式指标要求。一般情况下，要满足相应的奖励政策，落实的装配式建筑面积将超过土地合同的要求，单体的预制率（装配率）也高于土地合同的要求，或者采用特定的技术。

以申请面积奖励为例，需要申请面积奖励时，经济指标须综合考虑面积奖励带来的营销增益、建安成本增量、财务利润边际效益、项目周期延长等因素，明确特定的装配式楼栋选择，合理分配不计容面积。

以某项目的装配式混凝土建筑面积 10 万 m² 为例，如果要申请 3% 的容积率奖励就要增加建安成本 390 元 /m²，需要知道奖励面积的收益是否超过要增加的成本。

为此，需要建立盈亏测算模型，估算销售价格的盈亏平衡点，如表 3-1 所示。

表 3-1 成本模型及盈亏平衡点估算

	条件	单位	费用
10 万 m² 装配式建筑面积	装配式土建成本增量（预制外墙方案）	元 /m²	390
	装配式土建成本总增量	万元	3900
	建安成本 + 土地出让金 + 配套成本	元 /m²	4000
	3% 容积率面积奖励	m²	3000
	3% 容积率面积奖励的建造成本	万元	1200
	装配式土建成本总增量 + 建安成本 +	万元	5100
	土地出让金 + 配套成本	元 /m²	1.70

所以，面积奖励方案的制定需要以当地房价为依据，结合项目产品定位，谨慎、合理选择，只有在盈亏平衡点之上，才有经济可行性。

三、产品定位

装配式混凝土建筑目前的建安费用相比传统的现浇混凝土建筑成本会有增加，因此在进行产品定位时需考虑装配式建筑的相关成本增量因素。需根据项目开发确定的总体方案，结合总图规划、工期进度、首开区选择、运输路线等，选取合适的装配式建筑单体设计。标准化、少规格、多组合是装配式建筑设计的基本理念，但是仍然需要结合项目的实际情况进行统筹考虑。

（1）经济性主导，标准化户型，少规格、多组合。整体产品基于成本控制考虑，采用标准化户型，模数化、规模化设计，做到户型类型少、塔楼重复率高、立面线条简洁等，以装配式混凝土建筑的"标准化"为中心指导进行项目定位。代表性的产品多为保障房、租赁房、限价房、长租公寓等，此类产品相对个性化产品建安成本增量较低。

（2）功能性主导，个性化、特色产品。整体产品基于市场导向，个性化特色住宅，户型类型较多、立面线条烦琐等，后期设计预制构件类型较多，生产安装难度系数较高。以功能性和个性化为产品主导，受部分中高端市场青睐。代表性的产品多为洋房、别墅、特色小镇等，此类产品相对标准化产品建安成本增量较高。

四、全装修的定位

装配式建筑可与全装修方案相结合，全装修住宅的市场溢价可降低因装配式建造方式带来的成本增量。从市场销售及未来业主角度出发，建议同一类型的装配式建筑采用统一全装修方案，一改传统的毛坯方案。

点位不同的预制构件，即使外形尺寸及配筋相同，也不属于同一个构件。装配式建筑现在多与全装修匹配，全装修方案中的内装布置，与装配式构件的设计紧密相关。现阶段的设计和生产，大多将全装修的机电点位与主体构件一体化。在确定全装修方案的同时，选取通用化的装修方案（同一户型同一套装修方案），还是选取个性化的装修方案（同一户型若干套装修方案），对整个项目的装配式指标及项目的成本预测也是不同的。

全装修是国标对装配式建筑的硬性规定，如果做好主体施工同装修的穿插组织工作，就能大大缩短项目周期。这就需要充分发掘装配式建筑的装修优势：免外架、免抹灰、内架简单等，这些都可以为穿插工艺提供条件并节约大量的时间及财务成本。

五、开发进度

装配式项目要做好总体项目管控，首先要必须对整个项目的周期及各阶段的流程管控清晰。

装配式项目从方案设计到第一块构件的吊装需要半年时间，这个与常规项目操作时间上的差异直接影响到该项目的预售时间和成本收益。

以提前预售为例。福建省地方政府均给予房地产装配式项目提前预售的鼓励措施，能有效地加快资金周转率，减少财务成本。福建省对采用装配式建造的商品房项目，将装配式预制构件投资计入工程建设总投资额，在单体装配式建筑完成基础工程到标高 ±0.000 的标准，并已确定施工进度和竣工交付日期的情况下，即可办理《商品房预售许可证》。以百米高层建筑为例，房产公司至少能提前一年取得《商品房预售许可证》，如售价为 15000 元 /m²，按 50% 预售率和 8% 的利率计算，能获得边际利息收益 15000×50%×8%=600 元 /m²。在现金为王的房地产行业，边际利息收益效果是极其明显的，甚至直接超过了装配式房地产项目的增量成本。房价越高，边际利息收益越大。

装配式建筑策划应充分考虑当地装配式政策、土地合同约束、项目产品定位、项目开发进度、施工技术、质量成本、销售等因素，为此，要因地制宜、因时制宜地选择相对成熟、成本较低的方案。在装配式建筑技术还不太成熟的地市，装配选型时，尽量优先选取相对成熟的策划方案，同时选用相对有经验的施工单位承建，在设计阶段多方求证考察、在施工阶段随时关注，从而控制建设方风险，降低成本。由此看来，在进行项目策划的时候，重视装配式建筑带来的产品决策的变化变得尤为重要，也成为一个项目盈利的关键点。项目前期细致化竞品调研及对大数据的应用成为行业未来的必然趋势。

第二节 建筑工程项目物资管理前期策划

加入 WTO 后，我国建筑行业如何与世界经济接轨，项目物资管理如何创新，是当前建筑施工企业研究的一个重要课题。为了规避物资成本的风险，如期实现项目管理任务目标，有必要对项目物资管理的前期策划进行探讨。

一、项目物资管理现状

当前建筑行业普遍采用的是规定、规范的精细管理模式，该模式侧重于物资的计量与计划编制，定额的准确和用量分析，发放量的控制，余料的回收等，属项目内控管理。这种模式不能有效解决现实客观存在的各种不可预见因素，实际操作中这些因素导致项目物资采购、运输计划费用失控，成本突破工程预算。造成物资成本失控的主要原因，是忽略了工程项目开工前的物资管理前期策划。在当前建筑业中对项目物资管理的前期策划，没有放到与工程项目施工方案前期策划的等同位置。

一般将物资管理纳入工程方案、资金使用计划和工程进度用料计划中，在工程进度不同的阶段或规定的时间内进行物资成本核算，很大程度上物资成本是随着市场价格的变化而变化，随着环境因素的影响波动而波动，缺少科学性和预见性。项目物资管理的前期策划是在物资精细管理的基础上，对物资管理开工前的全过程、全方位科学预测和谋划，对物资购供过程中出现的各种不利成本因素追求最佳对策与方法。

当前我国的建筑行业对项目物资管理的前期策划没有予以高度重视，大家都知道工程项目的物资费用占工程造价的70%以上，物资的成本好坏，决定项目经济效益的好坏。对工程项目的开发，一般要制订多种市场调查方案，进行全方位调查了解，策划明确工程开发项目前期方案，特别是对物资购运一般都进行精心策划，不遗余力地追求经济效益最大化。

二、项目物资管理前期策划的基础调查

在经济建设时期，要想在竞争中取胜，扩大经营份额，必须要有竞争的优势，其中价格的优势占主导地位。而物资费用在工程造价中比重最大，所以管理者代表与项目经理对物资管理的前期策划要慎之又慎，要对工程项目物资供应全过程进行周密的策划，因为它关系到工程进度能否按期达到，工程质量是否达到规范标准，生产安全健康文明能否达标，经济目标能否实现。

材料用量的统计准备。主要是工程合同内明确的基础工作，即项目图纸、施工方案、生产、生活辅助设施的工程用料、施工用料、辅助材料、劳保用品、周转材料等各种规格、各种型号的用量分类计算统计。在做这项工作时，必须依据合同及招标文件，对照中标报价做好标内的量差核准，必须做到材料用量的统计准确。

材料价格的市场调查。一般说来，施工企业都会做材料价格的市场调查，这种调查有当地物价部门的材料公布价、各单位挂牌销售价和营销人员的推销价等，这些供货商在价格上都不同程度上隐含水分。要反映所用材料真实价格，必须对各种主要材料进行公开招标。在招标前对所购的材料按行业进行分类调查供货单位，然后对各供货商发出招标函，在收到各供货商的报价后，要实地勘察；调查供货能力、信誉程度、规格、数量等，并进行价格综合分析；计算材料价格水平；影响项目物资成本系数。

交通运输价格的调查。运输费用在材料价格中占有很大的比重，既关系到物资的成本，也关系到能否保证施工进度按计划进行。所以必须对工程项目所在地的交通状况进行认真调查，追求物资运输路线捷径。一般主要是铁路运输、水路运输、公路运输、人力运输等，调查的重点是运输能力。铁路运输与水路运输能力大，公路运输灵活快捷，人力运输具有解决机械所不能到达的优势特性；但铁路运输与水路运输有很大的计划限制性，公路远距离不能满足大批量施工物资的需要，人力运输只能承担零星物资的运输。根据供货商所在地点，调查各项目运输的承载能力及价格。根据项目进度的需要，在进行物资运输成本分析的基础上，选择能保证工程进度需要，且运输费用最低的运输方式。

自然资源的调查。建筑行业受自然环境的影响较大，我国东西南北中气候自然环境差异较大，南方的施工队伍到北方施工，北方的施工队伍到南方施工，如果不认真调查自然环境会造成物资成本成倍增加。如在长江中下游地区施工，如果不在二季度将工程地材备足，进入三季度的雨季，砂、石严重缺货，价格成本增加；西北方如果不在四季度以前备足地材，进入春节前后，采购材料非常困难，不言而喻物资价格必然上涨。因此，对于自然因素必须做深入调查，对各个季节物资产量与储备量做深入的了解，要规避自然因素对物资成本的影响，主要是调查各个季节的雨季量、气温对物价波动的因素，测算物资储备与零库存之间成本系数，确定库存储备量。

地理环境因素的调查。作为建筑施工企业，充分利用当地资源是非常必要的，要就地取材减少物资成本费用。对于各项工程所处的地理位置不同，资源状况各有不同。如工程项目所在地的材料价与外地价格略高，能在当地解决，必需就地解决，不能舍近求远。调查的重点是调查质量和储量与加工能力能否满足工程项目所需量。除地材外，钢材、水泥、五金交化在工程项目所占成本费用的比重最大，对供货商的招标报价要做两方面的调查，一是运距供货能否及时，二是材料堆放场地及保管。可能运距的价格低，要考虑成批量到货，二次倒运费用增加；就地采购价格可能高一些，但二次倒运场地堆放及保管费可以避免，资金占用少。

业主及设计单位意图调查。对于一项工程，各行业的要求不尽一致，特殊行业有特殊的要求，采购的各项材质要满足设计要求，因此必须与业主和设计单位沟通。一般说来，在施工图上对特殊要求的材料有说明，因为行业的不同，设计单位对一些材料未做注明，有时施工单位在这个问题上犯经验主义错误，导致采购的物资积压或退货。项目施工技术人员对每项材料的材质要列出清单，逐项向设计单位咨询确认，物资人员逐一记录备案。

三、项目物资管理前期策划的横向沟通

横向沟通是指工程项目经理部内部各部门之间对生产网络计划所需各种材料、质量、规格、型号用量、资金、成本、效益等计划编制的沟通。

生产部门的沟通。工程项目经理部工作的中心是以生产为主线，合同内的工期一般是较紧的，生产网络计划的各个节点的时间性是非常强的，要满足生产进度的要求，各节点的材料用量是不同的。各种材料用量计划要按节点安排进场，否则造成材料积压或占用场地，影响施工。因此物资部门必须与生产部门进行沟通。生产部门要按节点提供材料用量计划。

技术部门的沟通。主要是按工程项目的工艺要求，对项目所需的材料的等级、物理、性能、化学含量、规格、型号、生产日期、出厂证、合格证、技术参数、使用说明、保管安全事项及特供材料的说明等，技术部门要详细说明以进行技术交底。

设备部门的沟通。设备部门主要提供两个方面的设备：施工设备、工程设备。施工设备、工机具是工程工期节点的保证，备品配件消耗量大，同时具有时效性，库存量大造成积压，库存量少影响施工，所以对易耗件和特殊的配件必须进行使用周期分析，为编制材料计划提供备料依据。一般大型设备由业主供货，但小型设备、零星器具、备件有时由业主委托工程项目部采购，这些设备、器具、配件由于量少存在预订预购的问题，因分布地区广、

运费高、到货时间长，如不作周密安排就会影响施工进度。对此要列出清单、标明相关数据、规格、型号、性能及要安装时间等要求说明。

安全、健康、环保部门的沟通。建筑业随着人性化管理的进步，维权意识的增强，健康、环保已逐渐规范化，法律准入化，认证体系认可化。这部分的投入有所增加，劳保用品、安全保护、卫生保洁、废弃物及污染物的处理的物品、物资相应要纳入材料计划。这部分物资的用料计划虽然属生产辅助材料，在工程材料中比重较小，但属项目成本的一部分，应纳入工程项目物资管理前期策划中。

经营预算部门的沟通。工程项目的工程预算是依据甲方提供的材料计量清单和取费标准，有些只是初步设计和施工计划，根据国家和地方的工程材料和辅助材料、劳动力和机械消耗配额计算，它与实际施工的作业图预算有一定差异，一般说来，中标量比实际要大（计量测算错误不在此类），要使工程用料准确关系到物资、施工、技术等计划安排的准确性，关系到工程物资成本高低、工程效益好坏、关系到测算考核项目管理人员、现场作业人员的利益分配比例的合理性。

不仅如此，工程项目在施工中存在设计变更，合同外工程项目的增加，相应物资供应也会增加，总的说来它是决定物资供应量的依据。对此物资供应部门要掌握以下工程项目用料资料：按施工生产材料分类，分部分项统计各种材料的用量；按材料的自然属性分类统计材料的用量。前者用于制定各种经济定额进行物资成本核算管理，后者主要是便于按物资化学性能分别进行储运管理。在工程项目各种材料总量确定的情况下，了解工程项目网络进度各分部分项工期节点，所需各种材料用量。同时根据合同及补充协议或会议纪要对业主供料的划分进行了解，避免材料重供积压或双方都不供的空缺。

财务核算部门的沟通。对于工程项目来讲，除满足合同要求外，工程项目要以经济效益为中心，项目经理的重要考核指标就是实现经济责任目标。财务核算部门与工程经营部在项目开工前，一般进行了前期成本测算分析，对工程项目各项费用进行了分解，制订了相应的材料用量和成本控制计划，物资准备金计划。物资部门所要沟通的一是各类材料是否纳入财务计划、二是材料量的核准、三是材料价格控制的系数、四是了解对影响项目物资成本不可预见因素处理措施的意向。

  总之，物资调查和各部门的工作沟通是工程项目物资管理前期策划的基础工作，关系到工程项目物资管理前期策划是否符合具体实施的实际和成败。

第四章　建筑设计成本管理的优化策略

第一节　初步设计方案成本管理的优化策略

一、建筑设计概述

(一) 建筑设计的含义

建筑设计 (Architectural Design) 是指建筑物在建造之前，设计者按照建设任务，把施工过程和使用过程中所存在的或可能发生的问题，事先做好通盘的设想，拟定好解决这些问题的办法、方案，用图纸和文件表达出来。作为备料、施工组织工作和各工种在制作、建造工作中互相配合协作的共同依据。便于整个工程得以在预定的投资限额范围内，按照周密考虑的预定方案，统一步调，顺利进行。并使建成的建筑物充分满足使用者和社会所期望的各种要求及用途。

设计文件是建筑安装施工的依据。拟建工程在建设过程中能否保证进度，保证质量和节约投资，在很大程度上取决于设计质量的优劣。工程建成后能否获得满意的经济效果，除了项目决策之外，设计工作起着决定性的作用。设计工作的重要原则之一是保证设计的整体性。为此，设计工作必须按一定的程序分阶段进行。

(二) 设计阶段的划分

根据建设程序的进展，为保证工程建设和设计工作有机配合和衔接，将工程设计划分阶段进行。一般工业与民用建筑项目设计按初步设计和施工图设计两个阶段进行，称为"两阶段设计"；对于技术上复杂而又缺乏设计经验的项目，可按初步设计、技术设计和施工图设计三个阶段进行，称为"三阶段设计"。在各设计阶段，都需要编制相应的工程造价文件，与初步设计、技术设计对应的是设计概算、修正概算，与施工图设计对应的是施工图预算。逐步由粗到细地确定工程造价控制目标，层层控制工程造价。

(三) 设计阶段工程造价与控制的意义

在拟建项目经过投资决策阶段后，设计阶段就成为项目工程造价控制的关键环节。它对建设项目的建设工期、工程造价、工程质量及建成后能否发挥较好的经济效益，起着决定性的作用。

(1) 在设计阶段进行工程造价的计价分析可以使造价构成更合理，提高资金利用效率。设计阶段工程造价的计价形式是编制设计概预算，通过设计概预算可以了解工程造价的构成，分析资金分配的合理性。并可以利用价值工程理论分析项目各个组成部分功能与成本的匹配程度，调整项目功能与成本，使其更趋于合理。

(2) 在设计阶段进行工程造价的计价分析可以提高投资控制效率。编制设计概算并进行分析，可以了解工程各个组成部分的投资比例。对于投资比例大的部分应作为投资控制的重点，这样可以提高投资控制效率。

(3) 在设计阶段控制工程造价会使控制工作更主动。长期以来，人们把控制理解为目标值与实际值的比较，以及当实际值偏离目标值时分析产生差异的原因，确定下一步对策。这对于批量性生产的制造业而言，是一种有效的管理方法。但是对于建筑业而言，由于建筑产品具有单件性，价值量大的特点，这种管理方法只能发现差异，不能消除差异，也不能预防差异的产生，而且差异一旦发生，损失往往很大，这是一种被动的控制方法。而如果在设计阶段控制工程造价，可以先按一定的质量标准，开列新建建筑物每一部分或分项的估算造价，对照造价计划中所列的指标进行审核，预先发现差异，主动采取一些控制方法消除差异，使设计更经济。

(4) 在设计阶段控制工程造价便于技术与经济相结合。工程设计工作往往是由建筑师等专业技术人员来完成的。他们在设计过程功能中往往更关注工程的使用功能，力求采用比较先进的技术方法实现项目所需功能，而对经济因素考虑较少。如果在设计阶段吸收造价工程师参与全过程功能设计，使设计从一开始就建立在健全的经济基础之上，在做出重要决定时能充分认识其经济后果；另外投资限额一旦确定以后，设计只能在确定的限额内进行，有利于建筑师发挥个人创造力，选择一种最经济的方式实现技术目标，从而确保设计方案能较好地体现技术与经济的结合。

（5）在设计阶段控制工程造价效果最显著。工程造价控制贯穿于项目建设全过程，这一点是毫无疑问的。但是进行全过程控制还必须突出重点。

二、设计阶段成本控制对项目造价的影响

（一）影响设计阶段成本的因素

1. 优选设计单位

在选择设计单位时，要考虑其资质、团队配合、专业水平、责任心、主创人员的工作能力等。不同设计单位设计的图纸有很大差异，对成本造成影响。

2. 设计阶段的控制

设计资料的完善和设计人员对现场的熟悉程度是决定设计深度的根本因素，考验设计人员对项目的总体把控水平，以及优化设计技术参数的精准无误，决定项目成本的控制精度。

3. 方案设计阶段的控制

设计单位针对方案提出的问题，建设单位应组织专家对方案进行论证，在方案的功能性、可行性等满足要求的前提下，尽可能选择设计成本最低的最终方案。

4. 施工图设计阶段的控制

施工图设计须严格遵守项目决策阶段设计概算要求，不能超出概算造价，且施工图设计文件的详细与否在一定程度上决定项目整体成本。

5. 施工图纸会审阶段的控制

图纸会审是建设单位组织设计单位对建设方、施工方、监理方及各专业分包单位进行的技术交底和现场答疑，施工正式开始前，各方应认真阅读图纸，并对存在的疑问在会审中进行解决，避免开工后因图纸问题造成费用增加。

6. 限额设计的管控

科学合理地进行设计限额的管理，阶段性检查目标成本限额、用料限

额指标及设计成果，监督设计限额的落实，保证限额设计的实施，从而合理有效地控制设计成本。

(二) 设计阶段成本优化重要环节

工程项目成本造价优化包括设计、决策、施工及竣工验收结算的科学控制，其中设计阶段成本优化是科学控制造价的关键核心环节，设计阶段方案是否合理经济将会对工程项目投资规模产生直接影响。依据相关统计研究结果不难看出，虽然整体工程项目费用中设计费用仅为 1%～3%，然而如果设计方案正确合理，其产生的工程总体造价成本波动影响则会上升到 75%以上。不同的设计环节，产生的造价成本影响也不尽相同。其中工程结构、初步设计阶段产生的影响占到 65%以上，而施工图设计则会形成 5%～35%的影响。由此可见，我们只有在工程建设前期做好计划与流程审核、进行规划方案、结构、建筑方案、策划景观方案、施工图的科学论证，实施有效的成本优化控制，才能确保工程项目各项资金费用的合理应用、投入到位，并产生最大化建设效益。

(三) 设计阶段成本优化控制科学策略

1. 科学优化设计管理

建设工程设计成本相比于整体项目其仅仅为较小部分，然而基于设计单位综合设计水平层次的高低、设计出图质量的优劣与积极的配合设计程度则会对整体项目工程产生较大影响。由此可见，选择设计单位应主体依据其综合设计水平，并不是审视其收费标准的高低。在设计合同环节，可要求相关设计单位提供控制造价、合理设计、便利管理施工的具体建议，由项目工程设计初级阶段开始，尽可能有效控制成本。同时在实践设计阶段中应全面与设计人员及时沟通，科学建立行之有效的激励奖惩措施，并促进设计单位间的良性竞争与交流。同时应创建完善健全的设计评审、标准制度，专家会议联合审议体制及内部控制机制，确保设计阶段的科学成本控制优化。

2. 推行限额设计

在现阶段工程成本领域，"三超"现象非常严重，其中设计的影响占75%以上。为了保证建设项目的社会及经济效益，推行限额设计，控制工程成本势在必行。在工程项目建设过程中采用限额设计，在各专业保证达到使用功能的前提下，按分配的投资限额控制设计，严格控制技术设计和施工图设计的不合理变更，保证总投资限额不被突破。投资分解和限额设计可将上阶段设计审定的投资额、经济性技术指标、造价指标先行分解到各专业，然后再分解到各单位工程和分部工程而得出，限额设计体现了设计标准、规模、原则的合理确定及有关概预算基础资料的合理取定，通过层层限额设计，实现了对投资限额的控制与管理，也就同时实现了对设计规模、设计标准、工程数量与概预算指标等方面的控制，达到有效预控成本的目的。

3. 有效实施技术管理

建设工程结构方案的优化设计可对总体成本费用产生较大影响，因此在选择结构方案阶段中，应审视其结构布置与体系选型的科学合理，对结构计算各项输入输出数据进行细化审核。对输入信息的科学审核应包括基本电算信息的全面核对，例如重要性抗震类别、分类、设防烈度、场地类别、特征周期、地面粗糙性、地震加速度、荷载数值、特征周期、放大系数、梁端弯矩、荷载折算等数据是否存在误差现象或被人为地放大。审核输出信息则应对其中相关技术指标均衡性展开核查，令其与规定限值良好接近。另外还应对各类细部设计环节展开科学的审查控制，例如在应用新型Ⅲ类钢环节，由于其具有较高强度及良好延性，可令含钢量显著降低，并体现良好的成本优化效果，因此可在适宜工程项目中全面广泛地应用。建设工程构件与结构平面倘若分类过低会令含钢量不断上升，而太多分类又会对施工控制产生负面影响，因此设计阶段应合理进行结构构件归并，同时大样细部做法的相关构造措施应确保规范与周密性。

4. 选用材料及景观方案设计成本优化

建筑工程材料的科学选用有利于优化成本控制，因此应科学树立安装及内外装修环节的成本控制目标，在设计不同阶段进行材料相应成本标准的科学明确。对于材料成本的预测应在设计前期进行，参照具体的产品策划实践方案。同时开始设计施工图前期应参照扩初设计完成成本预估，对其材料、定样与定型展开研究，并制定科学的目标成本，为招投标工作提供有效的参考依据。为降低错误率，应科学倡导优质管理设计，将部分工作尽可能前置，展开标准化设计，降低部品种类及实践设计工作量，令施工管理综合难度显著降低，对于采购单一部品数量较多的可实施统一集中采购进而有效降低成本投入。景观方案设计阶段中实施成本优化相对较为困难，应在满足基本建造成本基础上符合营销要求，尽可能选择本地化施工材质及科学先进施工工艺，确保工程项目的便于管理及安全应用，令养护成本合理降低，进而取得最大化的成本优化效果。

5. 设计单位的选择

建设单位在选择设计单位时应根据项目整体定位和产品要求，选择同类设计经验丰富、具有类似设计项目实例、设计团队配合默契且可在规定时间内完成设计的单位。对建设单位来说，需提前制定设计任务书，明确项目设计具体工作内容及要求。另外，设计单位应按建设单位各项目标要求，提出高性价比的设计理念和建设性的设计方案，以供建设单位选择。设计单位要提高服务意识，尤其在建设项目前期成本的把控上要有科学合理的设计流程，尽最大可能在成本最低的原则下满足安全和功能需求。

6. 设计准备环节

设计前，建设单位需全方位测量拟建地块，将其标高、坐标与实际地貌等情况明确标注，设计单位需进入施工现场进行勘察。若有必要，需拍摄设计所需的影像资料，以保证设计图纸与实际情况相符，有效控制工程成本。例如：银川某住宅小区室外设计标高与市政排水管井标高偏差较大，与实际场地不符。在排水施工过程中，若想排水畅通，并确保市政排水管井顺利接入，就会造成小区室外排水管埋深过浅，不符合银川地区室外排水管埋深要求。为使排水管冬季防冻，需采取特殊的保温措施即在排水管外皮分段缠绕电伴热，当排水管被冻结成冰后，要求物业工作人员及时通电化冰，保持排水畅通，以防倒灌。而且电伴热寿命最多5年，按住宅设计年限70年计，需每5年更换1次，这使项目的施工成本及后期运营成本增加。

7. 方案设计环节

为保证设计方案的合理性，应组织相关审查活动，邀请建设单位、使用方与相关咨询单位参与并严格审查，根据使用方提出的建议对方案进行优化。同时保证方案的可实施性，避免因设计方案不合理导致变更，进而降低工程成本。

(1) 加强对方案经济评价指标的管理。针对方案进行分析，判断其经济上可行与否。另外，对多方案进行经济比选，选用不同的评价指标，并按综合评价结论依据指标的主次进行分析。例如：如果对方案进行评价，可重点选择投资收益率、投资回收期、净现值、内部收益率等指标；对设备购置方案进行经济评价，可重点选用净现值、净年值等指标。在评价上述指标时，不仅可将评价结果进行定量化，以此进行综合评价，还可对上述指标的综合权衡进行评价，由决策人员判断不同设计方案的优缺点，并确定方案。

(2) 强调方案价值设计，以最低寿命周期成本保证产品功能的实现。既要保证产品具有较低的寿命周期成本，也要保证其功能符合业主要求，实现成本与功能的平衡。所以，方案价值主要表现为：①对方案进行评价，从不同方案中挑选价值更高且更完善的方案，同时可选取价值较低的方案，并对其进行改进。②利用价值工程找出使产品价值提高的方法，设计方案一旦确定并执行后，其价值随之确定，其内容主要集中于技术突破、设计阶段及产品研究，保证其综合效果达到最佳状态。

8. 施工图设计环节

施工图设计环节主要对其精度进行控制，对工程成本产生直接影响。例如：在某住宅结构图设计总说明中注明二次结构做法参见某地方性标准，细部节点构造参见某图集。但在具体图集中却没有相应标准，如构造柱的设置位置蓝图上未标注，不同施工分包单位按照规范要求设置位置不一，使造价成本无法合理控制。这就要求设计单位在每套户型的大样图中对相关构造柱的位置、做法予以明确，使成本控制精准化。再如：某住宅小区设计深度不足，未充分考虑实际施工情况，致使单元门口残疾人坡道宽度影响小区消防环路，最后只能将已完成的残疾人坡道重新优化设计并组织施工，导致工程成本增加。可见，在该环节建设单位需派遣施工经验丰富且态度严谨的工程师跟进与监督，保证图纸设计与施工现场动态联系，及时发现问题、修改图纸与更新成本造价，从而更好地控制工程成本。

9. 施工图纸会审

在正式批准开工前，建设单位应组织设计、施工、监理、各分包单位及负责成本合约的工程师进行会审。会审内容为施工图纸，修正图纸中的不足与错漏，对不同专业的施工顺序等问题进行协调，避免施工后出现问题。例如：某住宅小区地下室设备用房（换热站），图纸设计按单机组净高考虑不低于 3.3m，而实际小区内有高层、小高层、多层 3 种形式的设计布局，要求换热站内安置 2 套及以上机组，净空高度设计应不低于 3.6m。但该问题在图纸会审时并未提出，在施工过程中因净高不满足设备要求而变更图纸，造成已安装完成的模板需更改标高，导致返工费、材料费、误工费等增加成本，需建设方承担。

建设单位还需对图纸设计的工程用材进行严格审查，对过于昂贵、性价比不高、性能不佳及对小区整体风格产生影响的材料等，需及时调整，避免施工后发现问题而导致成本支出增加。

10. 限额设计的管控

限额设计是指根据投资估算与可研究报告对初步设计进行控制，根据其控制的概算结果对施工图设计与方案设计进行控制，在确保性能符合要求后，根据投资所分配的限额对设计与变更展开控制，进而保证成本在一定范围内。

限额设计主要对以下环节进行管控。

（1）目标成本管理期间。将不同设计环节的限额成本控制充分落实，加强设计人员的成本管理意识与责任，保证其在设计时充分考虑成本问题。

（2）成本设计环节。通过对比分析的方式确定用料指标与目标成本，对本阶段设计的成果进行检查，动态优化技术设计指标，有效控制经济成本。

（3）监督落实设计合同约定的成本节约措施，保证限额设计的实施。

经项目核算经验可知，做好限额设计能对工程成本进行控制，是保证经济效益的主要方法，应加强推广并不断改进。例如：建设单位与设计单位签订设计委托合同时，应明确钢筋含量，混凝土含量，安装设备、管材的品牌、市场价格区间，装饰装修所用材质、价格区间等主要指标的限额，使得单位成本合理降至最低，从而确保各项设计指标控制满足目标成本。

设计阶段成本控制对项目整体造价具有重要影响，如何使项目设计在满足使用功能、保障安全、造型美观的前提下将设计费用合理降至最低，值得研究。在实践中，应充分考虑成本控制目标与项目工程的实际情况，充分发挥设计阶段控制成本的作用，在设计初始建立成本意识，使整体项目成本得到有效控制，实现限额设计目标。同时，利用科学的设计管理，使设计成果与成本管控的要求及不同设计环节的任务相符，最终实现推动项目实施并减少成本的目标。作为建设方，在项目实施前期阶段要确定项目总成本控制目标，再根据项目具体实施阶段进行目标分解，把总的成本控制目标分解至各个阶段，明确到具体控制点，落实各参建方的责任目标，做到统筹管理、分级控制，达到成本控制目标。

总之，建筑工程设计阶段优化成本控制尤为重要，可产生显著的效益影响，因此我们只有制定科学有效的成本控制优化策略，强化设计管理、技术管理、促进选材、景观方案的优化设计，才能提升成本优化效果，在建设优质建筑工程的同时创设显著的经济效益与社会效益。

三、建筑设计阶段工程造价成本控制案例

(一) 工程概况

金象温泉城项目位于福建省的某县城。工程规划建设用地面积共3593.57m²，1#楼16层，建筑面积为7225.97m²，2#楼16层，建筑面积为7321.00m²，3#楼16层，建筑面积为6851.20m²，4#楼2层，建筑面积为511.21m²，5#楼16层，建筑面积为4206.33m²，6#楼17层，建筑面积为7282.80m²，7#楼17层，建筑面积为8012.76m²，采用的是框架剪力墙结构。建设内容包括土建工程、装饰装修工程、电气照明工程、给排水工程、暖通工程等，建筑工程费为14693.83万元。

(二) 建筑设计阶段工程造价成本控制策略

本工程规模较大，建设周期长，投资额巨大，建设内容多，在建设过程中，工程造价控制工作容易受到工程设计变更、施工变更、施工材料价格波动等因素的影响。因此，在建筑设计阶段，应落实以下造价成本控制策略。

1. 树立成本控制意识，优选设计方案

工程设计人员是设计阶段有效控制工程造价成本的关键因素，而设计方案则对工程整体造价具有决定性作用，因此，在设计期间，应树立成本控制意识，围绕项目要求与造价选择设计方案，在确保方案内容合理的基础上尽量降低成本。

(1) 树立成本管控意识

工程经济合理性在很大程度上取决于建筑工程设计人员是否重视设计阶段的造价控制，是否合理运用各种设计技术。在设计阶段，主要对建筑装饰材料、钢筋水泥等基础施工材料的价格进行调研，将其作为设计阶段成本控制依据。同时，落实合理的激励措施，将设计人员的造价控制意识与激励体系进行有机结合，逐渐使其认识到自身工作对工程造价控制的重要影响意义，进而主动将成本控制意识全面渗透至各个设计环节，有效控制造价，提高工程经济效益。

(2) 优选设计方案

由于本工程规模较大，施工内容多，对于建筑工程设计阶段的造价成本控制，应科学规划整体设计方案。方案的选择应该结合市场需求。如层高及外观形状的不同对造价有不同的影响，层高每增加 100mm，混凝土增加 12.36 元 /m²，钢筋增加 3.58 元 /m²，砌体增加 10.19 元 /m²，装修增加 15.69 元 /m²。因此，层高越高造价越高，工期也越长。外观方面，如弧形，外观好看，但是户内不好布局，施工难度大，模板、抹灰、砌筑的人工费用高，工期长。如长方形，外墙面积较大，增加外墙装修的造价。如正方形，户型好，外墙面积最小。所以选择合理的层高及外观形状既可以降低造价成本，又可以缩短施工工期，提高工程经济效益。

(3) 提高设计人员专业素质

设计人员专业水平对设计阶段成本控制具有直接影响，因此，应加大对设计人员专业素质和业务能力的培训力度，使其适应不断变化发展的市场环境与技术体系，细化设计方案，综合考虑施工材料与设备，进而在合理的造价前提下实现设计效益最优化，从整体上降低工程造价成本。

2. 制定合理建筑设计周期

为尽可能地控制造价成本，制定合理的设计周期是必要的。本次工程设计方案融合较多元素，如装修装饰、基础施工等，无法在较短时间内快速呈现最优设计方案，方案修改的时间成本是必要的，只有这样才能够保证设计方案的科学合理性。在设计中，可运用价值工程比较各个设计阶段的设计方案，综合分析设计方案中的技术要素和经济要素，优化设计成果。同时，也要关注施工工期的控制，在限定工期内完成工程施工，合理配置施工资源，围绕工程类型提前制定各类突发事件的紧急处理方案，从而避免增加不必要的施工费用，充分发挥设计方案的决定性意义。

3. 科学选择施工材料

本工程材料费为 82491967.00 元，占总造价的 56%，所以材料的选择十分重要，不仅要考虑材料自身的性能，还要考虑造价。

（1）外墙装饰可选材料对比，如表 4-1 所示。

表 4-1　外墙装饰可选材料对比

名称	造价 / (元 /m²)
真石漆外墙	205.20
石材幕墙（25mm 花岗石材）	511.90
铝单板幕墙（2.5mm 厚铝单板）	616.61
玻璃幕墙（6 高透光双银 Low-E+12A+6 透光玻璃幕墙）	778.88

从造价来选，真石漆外墙是首选的，从性能来说，真石装饰效果酷似大理石、花岗岩，天然真实的自然色泽，外观美，具有防火、防水、耐酸碱、耐污染。本工程外墙材料主要是真石漆外墙。

（2）砌体可选材料对比，如表 4-2 所示。

表 4-2　砌体可选材料对比

名称	造价 / (元 /m³)	性能
烧结煤矸石多孔砖墙	584.31	可使建筑物自重减轻 30% 左右，节约黏土 20% ~30%，节省燃料 10% ~20%，墙体施工功效提高 40%，并改善砖的隔热隔声性能，常用于承重部位
烧结煤矸石空心砖墙	461.45	性能同烧结煤矸石多孔砖类似，常用于非承重部位
烧结煤矸石普通砖墙	652.62	性能同烧结煤矸石多孔砖类似，孔隙率不同，自重不同，常用于承重部位
加气混凝土砌块墙	590.05	重量是黏土砖重量的三分之一，保温性能是黏土砖的 3 倍左右，隔音性能是黏土砖的 2 倍，抗渗性能是黏土砖的 1 倍以上，耐火性能是钢筋混凝土的 7 倍左右

从表4-2可以看出，烧结煤矸石空心砖更经济，加气混凝土砌块更符合现代节能要求。本工程砌体采用加气混凝土砌块，不仅造价合理，而且节能。

4. 限额设计

在建筑工程设计阶段，应大力推行限额设计，可以参考以往的工程数据来精细化调整工程图纸参数。

（1）单方工程量指标入手，实现限额设计，单方工程量指标可以参考以往项目数据，如表4-3所示。

表4-3　单方工程量指标

项目名称	单方工程量指标
砌体 / (m³/m²)	0.15
砼工程 / (m³/m²)	0.40
钢筋工程 / (kg/m²)	50
门窗 / (m²/m²)	0.40
楼面、地面 / (m²/m²)	10.20

（2）降低非居住工程的占比。如降低地下室的面积，地下室造价为3629.90元/m²，是本工程单方造价最高的，因此，降低地下室的面积，能降低整个工程的造价。当然并不是地下室面积越少越好，地下室主要功能是停车位，面积要与整个小区的实际总户数相匹配。

5. 推行标准化设计，加强设计变更管理

造价成本的控制离不开各环节与模块的精细化管理，因此应推行标准化设计，加强设计变更管理。

（1）落实科学合理的工程设计奖惩制度，督促设计人员将成本控制落到实处，条件允许的情况下，适时引入工程设计顾问，加强对工程图纸的审核。

（2）采用先进设计技术及软件，如使用 Revit 3D 设计模型，从而为后续施工、竣工等阶段的造价成本控制奠定良好基础。同时归类编制建筑工程模块或节点，将标准化设计方法用于工程设计过程中，能够提高各类施工材料的利用率，节约资源，助力工程造价成本控制，快速迭代升级，提升建筑品质。通常，标准化设计下的工程造价水平相对较低，如果存在必要的设计变更，则要尽可能落实变更设计与相关工作，将损失控制在预期范围内，依托于变更管理力度的提高有效控制建筑工程造价成本。

（3）应综合考虑工程设计的经济性与合理性，避免盲目注重工程技术。①为促进设计目标的实现，应建立适当的工程设计制度，以原有工程设计计费方案为基础，若是合理降低部分成本费用，则给予设计人员相应的奖励；若是超出成本支出部分，则落实相应惩罚，以此激励设计人员，促使其运用工程造价理念约束自身设计行为，创新工程设计理念与方法，实现成本与技术的有效协调。②在条件允许情况下，聘用第三方设计顾问，将其作为工程设计阶段造价成本控制的专业技术支持，最大限度地减少工程设计阶段的缺陷和失误。在强化工程设计图纸审核时，可以联系设计顾问联合审查工程设计方案，综合分析其建筑标准、成本预算、可行性等方面，从而实现对建筑工程造价的全面、有效控制。

6. 推行 BIM 设计

新时期背景下，信息化技术、智能技术在建筑领域的应用越发深入，除了关注工程技术、材料设备、方案优选等内容，还要运用 BIM 技术增强在设计阶段对造价精细化控制的力度，为工程预算提供准确基础数据。

（1）由于该工程楼层数相对较多，施工面积较大，在设计阶段可以充分发挥 BIM 技术的可视化功能，将各专业的设计进行建模，对构件、设备、材料等资源进行数字化处理，通过直观的展现形式，帮助设计人员及时发现设计方面的不足，并通过推演模拟优化设计内容，增强建筑设计的合理性和可行性。

（2）运用 BIM 技术进行"一键算量"，围绕施工资源等方面存在的波动对工程量、施工材料量进行快速统计和计算，从而夯实工程预算数据基础，进一步提高建筑工程设计阶段的造价控制水平及有效性。

综上所述，工程设计作为建筑工程的重要环节，涉及资源配置、技术选择等方面，具有明显的系统性、复杂性特征。在该阶段开展工程造价成本控制工作时，应落实全过程的成本管控意识，加大力度推行限额设计，做好设计论证工作，并加强工程方案的选择、材料对比选择、工程变更管理、图纸审核工作，在保证建筑质量的前提下最大程度节约工程造价。

第二节　外立面保温工程成本管理的优化策略

一、建筑外立面概述

建筑立面分为建筑外立面和建筑内立面。一般情况下，建筑外立面包括除屋顶外建筑所有外围护部分，在某些特定情况下，如特定几何形体造型的建筑屋顶与墙体表现出很强的连续性并难以区分，或为了特定建筑观察角度的需要将屋顶作为建筑的"第五立面"来处理时，也可以将屋顶作为建筑外立面的组成部分。

二、建筑外立面保温工程概述

外墙外保温是一项节能环保绿色工程，节能优先已成为中国可持续能源发展的战略决策，在这种形势下，外墙外保温技术与产品面临良好的发展机遇，应大力推广与应用。外墙外保温有保温和隔热两大显著优势，建筑物围护结构（包括屋顶、外墙、门窗等）的保温和隔热性能对于冬、夏季室内热环境和采暖空调能耗有着重要影响，围护结构保温和隔热性能优良的建筑物，不仅冬暖夏凉室内环境好，而且采暖、空调能耗低。外墙外保温还可以改善人居住环境的舒适度。在进行外保温后，由于内部的实体墙热容量大，室内能蓄存更多的热量，使诸如太阳辐射或间歇采暖造成的室内温度变化减缓，室温较为稳定，生活较为舒适；也使太阳辐射得热、人体散热、家用电器及炊事散热等因素产生的"自由热"得到较好的利用，有利于节能。而在夏季，外保温层能减少太阳辐射热的进入和室外高气温的综合影响，使外墙内表面温度和室内空气温度得以降低。可见，外墙外保温有利于使建筑冬暖夏凉。

三、外立面保温工程的敏感性

外保温工程的敏感性，主要体现在四个方面：建筑节能、成本、质量、防火。

(一) 外墙保温系统的能耗占整个建筑物的30%左右，属于能耗较敏感点

建筑物能耗划分如表4-4所示。

表4-4　建筑物能耗划分

项目	外窗	外墙	屋面	地下室顶板
面积占比	12%～18%	50%	20%	18%
能耗比例	>50%	30%	10%	<10%

(二) 外墙保温效果与建筑防火性能相克相伴，属于消防敏感点

外保温工程在兼顾节能与防火的同时，主要通过选择外保温方案、优化节点设计来进行设计与成本的协同管理。一般情况下，保温材料的特性是保温性能好、阻燃性能就差，两者很难兼得；此外，自几次建筑火灾事件后，保温材料的防火问题被提到前所未有的高度，既是强制性标准又是消防敏感点。

(三) 外保温工程质量涉及建筑外立面的美观和安全性，属于社会敏感点

外保温工程在设计上是外装饰层的基层，其质量问题直接影响外立面效果。近年来，各地出现的外保温"脱落"事件，是极易引发客户投诉的群体性事件。

四、外立面保温工程方案设计阶段成本优化

在方案设计阶段主要从两个方面开展优化工作，一是保温系统方案的选择，二是节能计算。

在方案设计阶段，建筑高度的影响、外保温材料的变更、不同物业类型的影响这三个方面都是与成本息息相关的，系统性思考如何进行这三个方面的协同管理是成本管控的关键。

(一) 重视建筑高度对保温材料选用的影响

《建筑设计防火规范》(GB 50016—2014)，明确提出了住宅高度小于27m (或24m) 时对材料燃烧性能的具体要求，规范解读如下：

(1) 对于有空腔的建筑外墙外保温系统，当建筑高度 H ≤ 24m 时，保温材料燃烧性能 ≥ B。

（2）对于无空腔的建筑外墙外保温系统，建筑高度 H ≤ 24m 的公共建筑或者建筑高度 H ≤ 27m 的住宅建筑可以采用 B_1 级外保温材料（无须做耐火窗）。

建筑材料及制品的燃烧性能等级如表4-5所示。

表4-5 建筑材料及制品的燃烧性能等级（GB8624—2012）

燃烧性能等级	名称
A	不燃材料（制品）
B_1	难燃材料（制品）
B_2	可燃材料（制品）
B_3	易燃材料（制品）

注：燃烧性能是指材料燃烧或遇火时所发生的一切物理和化学变化，这项性能由材料表面的着火性和火焰传播件、发热、发烟、炭化、失重，以及毒性生成物的产生等特性来衡量。

从设计管理的角度考虑，保温材料的选用只需要满足防火要求即可，避免因设计保守造成无效成本的增加。即如果规范要求可以采用 B 级材料就可以满足防火要求时，没有必要采用 A 级材料。

（二）重视保温系统方案的选择

在保温系统的设计中，主要是从节能与防火的角度权衡保温体系。根据《建筑设计防火规范》（GB50016—2014）的要求，外保温体系方案常用的有两种：

方案1：A 级外保温材料 + 普通节能外窗

方案2：B_1 级外保温材料 + 耐火窗（说明：耐火窗为新规范实施之后的新型外窗系统，业界定义为即满足节能外窗要求又满足防火窗的耐火完整性要求的外窗）

（注：夹芯保温体 + 普通节能外窗，此体系非主流保温系统，在此不做比选）保温方案的比选：根据上述方案1和方案2的要求，本次以常见的外保温薄抹灰体系进行方案的比选。

（三）重视节能计算

节能计算主要包括控制体形系数、审核 K 值及修正系数、择优选择屋面及楼面顶板保温材料三个方面。

1. 控制体形系数，控制耗热量指标计算值

（1）当体形系数控制在节能直接判定时的限值标准时，其能耗最低，整个保温系统（外墙保温、门窗、屋面保温、地面保温）的总成本越低。研究表明体形系数每增大 0.01，能耗指标约增加 2.5％。

（2）当体形系数超过直接判定的标准时，外围护结构需要权衡判断。外墙保温、门窗、屋面保温、地面保温需要参与能耗计算，各项指标需要统筹考虑，以建筑物的耗热量指标进行整体判断。

（3）当计算值无限接近耗热量指标限制时，此时建筑物的能耗最为经济合理。建筑物的能耗计算不是一次计算就能得到最优结果，应多次试算、调整，使其达到能耗合理、经济的目标。

2. 审核 K 值及修正系数

根据外围护结构的材料属性，审核节能计算书中的 K 值及修正系数。本部分内容在门窗工程中有讲解，此处不再赘述。

3. 择优选择屋面、楼面顶板保温材料

屋面及楼面顶板（采暖与非采暖空间楼板）的面积占比较少，对成本的影响相对较弱。可根据当地常用的保温材料择优选用，并注意以下细节：

（1）当选择倒置式屋面（保温层在防水层之上）时，其屋面保温层的厚度在计算值的基础上要增加 25％。

具体见《倒置式屋面工程技术工程》（JGJ230—2010）屋面系统保温层的设计厚度，应根据热工计算确定，并应符合有关节能标准的规定。

按现行国家标准《民用建筑热工设计规范》（GB 50176—2016）计算保温层厚度；按保温层的计算厚度增加 25％取值。

（2）当选用 A 级外保温材料时，屋面防火隔离带（A 级保温材料）可以取消。因为 A 级无机保温材料的导热系数比 B 级保温材料的导热系数高，取消后有利于降低整个保温系统的综合成本，同时可以省掉后期验收时增加的防火隔离带材料检测费用，降低后期验收成本。

（四）重视外保温材料的变更对成本和利润的影响

作为甲方的设计管理人员，因政策、规范等变动引起的外保温变更是比较常见的，由于变更会涉及成本影响，以及面积影响（由于销售面积是测

算在外保温外侧，保温面积的变化必然引起销售面积的变化），所以须重视外保温材料的变更对成本的影响。

（1）方案阶段外保温材料变更时，一定要注意对地上容积率的影响，避免损失容积率，否则得不偿失。可以提前介入节能试算，提高地上容积率。

（2）外保温变更如果减少了销售面积，一定要考虑变更保温材料所带来的成本影响，并综合考虑对销售面积的影响。反之，如果保温材料变更增加了建筑面积，一定要考虑增加面积对规划指标的影响，从而减少设计风险。

五、外立面保温工程施工图设计阶段成本管理优化

在施工图设计阶段，我们将从以下几点探讨保温工程设计与成本的协同管理：屋面板和楼板燃烧性能的要求，非采暖空间的保温，设计节点二次深化以及保温体系的粘接面积、锚栓数量、保温材料容重的选择。

(一) 选择合适的保温体系

对于保温体系的选择，我们可以从以下两个方面来考虑：

（1）粘接面积和锚栓数量。任何一种保温体系都有一套成熟工法，有的保温体系如 EPS 薄抹灰体系，以粘接为主、锚栓锚固为辅；岩棉保温体系以锚栓锚固为主、粘接为辅。所以设计阶段的技术标准应以当地的保温体系构造为准，粘接面积和锚固数量不必过分加大，以免造成不必要的成本浪费。

（2）保温材料的密度。保温材料的密度影响到材料价格，更影响到保温系统的安全稳定，在规范允许的范围内，选择密度较低的材料，对系统安全没有影响，但有利于成本控制，所以密度的选择也至关重要。以 EPS 薄抹灰为例，EPS 密度一般在 $18 \sim 22 kg / m^3$，薄抹灰体系时 EPS 密度通常选择 $18 kg / m^3$。

以山东省 EPS 薄抹灰体系为例，根据山东省聚苯板《外墙外保温应用技术规程》《外墙保温构造详图 (三) 聚苯板薄抹灰保温系统》的设计要求：当饰面层设计为涂料时，胶粘剂涂抹面积与聚苯板面积之比不得小于 40%；当饰面层设计为面砖时，胶粘剂涂抹面积与聚苯板面积之比不得小于 50%；锚栓的数量不宜小于 3 个 (20 ~ 36m 设置 3 ~ 4 个，36m 以上设置不少于 6 个)。

黏结面积和锚栓的数量在当地的设计标准中均有明确的要求，设计管

理人员在撰写技术标准的时候，一定要考虑当地的设计要求，人为加大粘接面积和锚固数量，将产生无效成本。

(二) 重视节点二次深化设计

对于有线条的外墙，诸多部位均采用保温板贴出，造型的要求应考虑保温板自身的属性并兼顾消防设计要求，避免二次变更引起成本增加。

建筑的屋面外保温系统，当屋面板的耐火极限不低于 1.0h 时，保温材料的燃烧性能不应低于 B_2 级；当屋面板的耐火极限低于 1.0h 时，保温材料的燃烧性能不应低于 B_1 级。采用 B_1、B_2 级保温材料的外保温系统应采用不燃材料作防护层，防护层的厚度不应小于 10mm。

屋面板的耐火极限不低于 1.0h 时的条件容易满足，一般情况下屋面结构板为 120mm 厚，耐火极限基本上都大于 1.0h，所以屋面保温材料可以采用 B_2 级挤塑板。经市场询价可知，挤塑板 B_2 级比 B_1 级便宜 100 元 / m³ 左右，节约成本为 10 元 / m²，若屋面板耐火极限不足 1.0h，则须选用 B_1 级保温材料，此时产生无效成本 10 元 / m²。

(三) 非采暖空间的精细化设计

建筑节能设计只针对有节能要求的建筑，对于一些非办公、非居住的建筑不需要按照节能设计要求，设计管理人员应区分采暖空间及非采暖空间部位，有的放矢地进行精细化设计管理。

(1) 车库外墙、设备用房等，可以不设计保温。有些非采暖空间，如车库外墙、设备用房等不需要保温设计的部位，一定在设计之初就要进行精细化设计，防止后期非采暖空间按照采暖空间的保温做法施工，减少无效成本的发生。需要澄清的是有些设计是防水层的保护层。

(2) 特殊部位，为了减少热桥而造成的运营成本增加，须进行保温构造设计。有时，为了非采暖空间的防潮、防结露，必要时也要进行保温构造的设计，此处为了减少热桥，故非采暖空间的保温设计可考虑 2 ~ 3cm 的保温浆料，这些费用的付出有一定的必要性。尽管加入保温浆料之后，成本略有增加，但却避免了后期因大规模的热桥现象的发生而造成的成本损失。设计优化并不仅仅是为了降低成本，也可能是为获得更大的收益而增加成本。

第三节　外立面门窗工程成本管理的优化策略

一、外立面门窗工程的敏感性

在建设工程中，外立面门窗专业工程具有以下三大敏感点：

(1) 属于"看得见的部分"，是营销的敏感点。

(2) 外窗能耗达50%左右，是建筑能耗薄弱部位，也是能耗的敏感点。

(3) 成本占比仅次于主体建筑、安装，是成本的敏感点。

门窗工程，极其重要、极其敏感且有多重约束，是整个建筑节能系统的其中一部分，甲方设计管理既需要充分考虑客户需求，加强设计与成本的协同，又需要统筹兼顾、利用技术优势"降本增效"，提高性价比。

二、方案设计阶段

在方案设计阶段，门窗成本优化管理要点包括执行产品定位，落实客户需求；控制体形系数和窗墙比，外窗三大件；外窗与外保温的协同设计方案比选。

(一) 控制体形系数、窗墙比不超限，可以避免增加门窗成本10%以上

体形系数、窗墙比对建筑节能的影响非常大，外墙、外窗、屋面三项保温是外围护结构的最重要的组成部分，参与能耗计算。而体形系数、窗墙比在不超规范限值时按最低配置进行直接判定，在超过后必须进行权衡判断。

(1) 体形系数：建筑物和室外大气接触的外表面积与其所包围的体积之比。

(2) 传热系数：即K值，是在稳定传热条件下，围护结构两侧空气温差为10℃，1.0h内通过1m² 面积传递的热量，单位是W／（m² · K）。

(3) 窗墙比：在建筑和建筑热工节能设计中的常用指标。墙是指一层室内地坪线至屋面高度线 (不包括女儿墙和勒脚高度) 的围护结构。

以下分别说明并对比分析：

情形一：直接判定法。

当体形系数不超规范限值时，外窗按规范的最低配置，是最为经济合

理的一种方式。在直接判定时，围护结构（含外窗）只需要满足自身的传热系数要求即可，外窗设计与外保温设计无联动机制（对于直接判定的建筑，如果需要提高外窗节能要求以满足营销需要，或者要达到《绿色建筑评价标准》里的加分项，就另当别论了）。同一建筑物，在体形系数一致的情况下，外立面的窗墙比越大、建筑物的热工计算越不利，也就是说这个建筑物能耗损失越大。在这种情况下，要达到同样的保温节能效果，对于外窗的要求就越高，其 K 值的选用就越小。即窗墙比越大、门窗 K 值越小、门窗配置越高、单价越高。由此可知，窗墙比的提高不仅会增加外窗的工程量，还会导致外窗的单价提高。可见，控制窗墙比对外门窗成本控制的意义重大。

情形二：权衡判断。

当体形系数超过规范限值时，门窗成本增加约10%。这种情况下，需要进行权衡判断，以取得最高性价比。即对外墙保温、屋面保温、外窗配置三个因素进行综合分析、总体评判，三者互相制约、相互补位，只要三者整体耗热量指标满足规范即可。外墙的能耗较大就需要外窗来弥补，外窗的配置和成本就会相对增加。

一般建议刚需楼盘的体形系数、窗墙比的控制值按能耗计算达到直接判定的标准；改善类的楼盘可适当提高上限，但不能超过最大限值，否则成本将进一步增加。

（二）在体形系数、窗墙比超限后，必须主动进行外窗与其他外围护的协同设计以获得最高性价比，否则可能增加外保温成本约5%

某单体建筑的体形系数超过规范限值，外保温厚度大时，外窗的 K 值可适当提高（即可以降低节能设计标准），反之降低。当设计采用12cm 厚岩棉薄抹灰体时，此时外窗 K 值需达到2.0的最低要求；当设计采用9cm 厚岩棉时，此时外窗 K 值需达到1.8的最低要求。

我们通过设计优化，在满足相同节能标准的前提下，虽然门窗成本略有增加，但带来了外保温成本的相对大幅度减少，总体上是降低了节能工程成本。所以，在方案设计阶段，节能设计一定要经过方案比选以获得最高性价比。

(三) 按产品定位标准严控外窗三大件：材质、五金件、玻璃

在产品定位确定后，整个项目包括外窗的交付标准就可以确定了。在方案阶段应确定外窗材质、开启方式 (影响五金件价格)、玻璃的组成 (三玻双中空还是双玻单中空还是双玻 Low-E 等)。材质、五金件、玻璃这三大件在外窗的成本中占比最大，设计中应重点关注。

建议刚需楼盘采用塑钢产品，以平开方式为主并结合悬窗、固定窗、推拉窗。玻璃的组合以满足规范要求的下限为宜，通常 75 节能塑钢需要三玻双中空或双玻 Low-E，双玻 Low-E 较为便宜一点。

三、施工图设计阶段

在施工图设计阶段的管理要点是精细化设计，确保限额设计落地。包括审核节能计算书、优化东西向窗墙比、控制外窗开启、区分采暖与非采暖、规避错漏碰缺五项。

(一) 尽量减少东西朝向房间的窗墙比，避免超限后设计外遮阳，避免增加门窗成本 20% 左右

东西向窗墙比超限后需增加遮阳措施，遮阳措施的成本也不可小觑，按洞口面积计算 100 元 / m² 一扇窗增加外遮阳，相当于门窗单价增加 20% 左右。建议东西向没有特殊要求外，尽量减少窗墙面积比，当然设置观景阳台等营销需要的外窗，可以适当增加窗面积，但也不宜超规范的限值。

(二) 提前审核《建筑节能计算书》，避免人为因素造成设计超标而增加成本

外窗的 K 值应按照方案阶段给定的配置要求，按规范给定区间下限选取，同时外保温材料的导热系数和修正系数按规范给定的限值，不能随意地放大。

该项目的节能计算中保温材料的 K 值选择就有问题，对比规范取值和节能计算书的实际取值。

规范要求的修正系数为 1.15，而设计单位在节能计算中采用的是 1.30，

扩大了13％。这意味着保温设计保守，那么同一个建筑节能系统之下的门窗将相应增加成本。

（三）对开窗面积、开启面积、开启方式进行精细化设计，进一步降低成本

（1）开窗面积要合理，避免采用800~1200mm的宽度，开启一扇太大，开启两扇浪费，建议单扇开启宽度宜600~800mm，太小会造成型材损耗过大，800~2100mm时建议也单扇开启（要满足通风要求），大于2100mm时建议双扇开启。

（2）开启面积的大小对型材本身、五金件、纱扇的成本都有影响，建议开启面积满足自然通风的要求即可，刚需型楼盘以满足自然通风的最低限制为准，改善型及以上楼盘可以适当提高标准。

（3）开启方式影响五金件的类型和价格。开启方式的选择有两个原则：第一，满足消防要求。第二，一户一议、一扇一议。在同一单体建筑需要根据不同户型、不同分区考虑业主敏感度、使用舒适性进行分区，不能说一平开就整栋楼都平开。经济合理的方式是推拉、平开、内开内倒及固定等方式的最佳组合，以较低的投入来提升产品附加值。有的窗台高度很高比如厨房和卫生间，可以选用内开、内倒或下悬窗，虽然增加五金成本，但是用户的体验感高，对营销有推动作用。

四、深化设计阶段

在深化设计阶段的管理要点是精细化设计、优中取优。在招标阶段，直接用设计图中的门窗表招标，这是极其错误的做法，会导致成本浪费。即使施工图设计的质量再精细，门窗的二次深化设计也不可或缺。

（1）优化窗户的分格方式，降低成本、提升功能。如图4-1所示，优化前窗型是常规分格方法，而优化后则可以减少水平支撑、降低型材含量（玻璃用量略有增加），同时改善了视线的通透性，业主的体验感也得到了很大的提升。

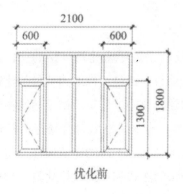

图4-1　固型优化对比图（单位：mm）

（2）二次深化确定合适的型材种类型式，提高性价比。对于业主不关注、敏感度低的公共空间在满足节能的前提下，可以适当地降低型材标准，如65系列铝合金改为60系列、户内采用铝合金而公共空间采用塑钢型材等。

（3）重视满足外窗设计中消防要求，避免中标后变更增加成本。对于楼梯间、防烟楼梯间前室、消防电梯前室、三合一前室，当采用自然通风时，规范对外窗开启面积有要求，二次深化设计中一定要注意满足，避免中标后变更。

第四节　外立面装饰工程成本管理的优化策略

外墙饰面是建筑设计的"点睛之笔"，是整个建筑物的"皮肤"，是建筑风格的关键元素。在外立面工程成本中，主要涉及功能性成本（建筑节能保温设计，需要综合考虑建筑物朝向、长宽比、日照等）、敏感性成本（外立面装饰、建筑造型、平面布局、采光通风），两者有统一的一面，也有对立的一面。

外墙饰面工程是设计和成本协同管理的重点，其重要性体现在以下三个方面：在外立面工程中工程量最大、成本敏感；直接影响建筑物的品质，最容易受到外界破坏；所涉及的材质品种繁多，成本差异大。

一、方案设计阶段

在方案设计阶段，主要控制三大内容：建筑风格、体形系数、立面选材。

(一)根据楼盘定位、控制建筑风格

建筑风格是成本影响最大,极简主义盛行是近年来建筑风格的变化趋势。无论是豪宅、高档酒店,还是普通住宅项目,这是一种最为节材的建筑风格,是对成本控制和环境保护最为有利的建筑风格。建筑风格是建筑物外貌的重要特征,不同的风格对应不同的成本。建筑风格应符合楼盘的整体定位,楼盘档次越高其建筑风格越复杂,成本越高。不同的建筑风格,需要不同的外立面效果装饰,造型较为复杂、夸张的法式和英式风格建筑,其外立面装饰面积比现代主义和 ARTDECO 风格多,新古典和地中海风格介于中间。

为了对不同建筑风格的外装饰进行数据量化,我们引入墙地比——指扣除门窗洞后外立面装饰面积与地上计容面积的比值。在相同的材料配置下,建筑的外立面率越高,其成本越高,楼盘的档次也越高。

(二)控制体形系数

体形系数是指建筑物和室外大气接触的外表面积与其所包围的体积的比值。

一般而言,体形系数对工程量和成本的关系如下:

(1)体形系数与建筑平面长宽比的关系。当建筑物的平面长度等于宽度时,此时体形系数最小;长宽比接近结构限值时,此时体形系数最大。

(2)体形系数的增加与外表面面积的关系。根据测算结果,体形系数每净增加 0.01(注意不是 1% 的增加率),其每平方米建筑面积增加 $0.03 \sim 0.04m^2$ 的外表面积。

(3)体形系数与建筑节能、外立面装饰面积的关系。建筑物的体形系数不仅反映了建筑物节能保温,还侧面反映了建筑物的外墙保温、外饰面积大小,当建筑物的体形系数接近规范限值时,此时的建筑物不仅能耗最低,且外饰面积最小。

(三)控制立面选材和配比

选择最简单的材料、最简单的施工工艺,有利于降低建造成本和维护

成本。立面材料极其丰富，且价格变化较大，针对楼盘的定位及售价合理的选择材料，对成本的影响很大，建议如下。

（1）刚需楼盘：以价格因素考虑外墙立面材质。

（2）首改楼盘：从价格和品质上综合考虑外墙立面材质，可适当提高外墙立面材质（控制比例）。

（3）再改（轻奢侈）型楼盘：从价格和品质上综合考虑外墙立面材质，适当提高外墙立面材质（比例可适中）。

（4）豪宅楼盘：以竞品楼盘作为参考。

二、施工图设计阶段

施工图设计阶段的要点在于方案阶段三控"建筑风格、体形系数、材料选配"的基础上进行精细化的设计，减少无效成本。

（一）按外立面的主次程度选材

建筑立面材质极其丰富且可挑选空间非常大，同一种效果的外墙立面可以用多种材质实现。

例如：多彩漆可以实现光面石材效果，真石漆可以实现毛面石材效果，质感漆可以实现仿砖效果，氟碳漆可以实现铝板的观感等。通过使用材料替代，来保证立面效果多样化的同时实现成本降低。

【案例】主次外立面的成本影响

以某地区中档楼盘为例，基座两层为石材干挂（单层建筑面积为390m²），以上为多彩石涂料，其中楼盘南北方向为小区的主立面，东西立面为次要立面。

基座两层外墙展开面积约950m²（其中南北向约670m²，东西向约280m²），原设计立面均采用石材干挂，单价800元／m²，总价约760000元。现根据立面的主次程度，将东西立面改为超薄石材一体板（石材饰面12mm，背栓固定），由于一体板能够大幅度减轻自重，其固定方式省去了主次龙骨，其单价为450元／m²，优化后总价降低98000元，降低13％。

方案阶段控制建筑整体的立面选材比例，施工图阶段依然可以根据立面的重要程度进一步的优化，在保证整体效果的前提下，其成本节约依然可观。

(二) 按部位的可视化程度选材

按客户的视觉感受来细分，建筑立面中的部位可以分为可视化、非可视，建筑的选材宜应根据建筑立面具体部位的可视化程度选材，并减少非可视化部位的材料成本。

如空调板位置被空调格栅遮蔽，其可展示的效果极其有限，此处非可视的部位均可以采用成本最为节省的外墙弹性涂料作法。立面中非可视部位位置分散，这部分的饰面更应该进行精细化的设计，避免无效的成本浪费。

(三) 按工程实际情况，选择立面材料建筑做法

外墙材料的建筑做法，每个厂家都有一定的差异，以最为常用的涂料为例，需要考虑以下三点：

(1) 填泥分为普通填泥，单组分柔性填泥、弹性填泥，双组分柔性填泥、弹性填泥。

一般为双组分填泥比单组分填泥略贵，但是现场一般很少使用双组分填泥，一是在于双组分现场配制工艺难把控，二是双组分填泥黏稠度高不容易"出活"。所以，目前使用的多为单组分填泥，柔性填泥居多。

填泥找平为 2～3 遍，填泥的耗量是 1.2～1.5kg / m²，外墙涂饰工程建议与外墙保温同属一个单位，这样外保温单位可以控制墙体的垂直度，减少外墙填泥的修补量，一般 2 遍即可。

(2) 抗碱底漆的重要作用是透气防水、防止墙体金属离子进入外墙面层，减少外墙返碱现象。一般情况下底漆一遍的造价大概在 1.5～3 元 / m²，底漆尽量不要"低配"，避免后期维修返工成本的增加。

(3) 罩面漆 1～2 遍，每个厂家均有不同配方，建议采购时与厂家密切配合，超配面漆没必要，还会造成成本浪费。

建筑做法是建筑涂饰能否发挥长久稳定性的重要基础，涂饰建筑做法每个厂家都有微小的变化，甲方采购或者编制清单时应特别注意，避免做法"超配"，带来不必要的后果；此外，应重视建筑做法的系统性，避免出现大面积的返修维护，减少二次施工的成本增量。

第五节　地下室管理的优化策略

当前，建筑技术的不断创新和发展，地下室工程结构的设计一直是人们关注的重点和焦点，也是整个建筑工程设计过程中比较困难的一个环节。对相关设计人员来说，必须对地下室结构进行科学、合理、严谨的规划，降低成本造价的同时不断提高整体建筑的质量。

一、地下室结构工程成本管理的现状及重要性

在整个建筑工程设计过程中，很多开发商都只是注重项目的整体设计方案、户型设计方案等方面，对地下室部分的结构工程设计并没有给予足够的关注和重视。只有到了施工图阶段才会真正确认设计方案是否合理，这就导致地下室结构工程的成本管理经常被忽略，无法有效落实到位。相比较地上建筑部分，地下室属于单项投入，而如果仅靠销售地下车库中的车位来弥补成本造价中的付出显然不是正确的处理对策。随着现金流效益的降低，市场的竞争也变得越来越激烈，只有不断提高工程项目的利润率才能有效提高市场竞争力。

综合分析地下室成本把控的影响因素，主要有机电、建筑、结构及总设计图等方面，而且各个方面都不是平行的关系，彼此之间相互影响，只有整合了各专业的资源，才能更好地把控地下室成本。而地下室成本控制最关键的介入点就是优化地下室结构的设计方案，地下室结构优化设计对成本把控是非常重要的，只有采用合理的方式才能实现开源节流，为企业带来更多的经济效益。

二、影响地下室成本的主要因素

从众多的开发项目中看到，影响地下室成本的因素有项目的定位、地下车库的面积、地下室的深度（层数、层高）及布置方式、人防面积等级及布置方式、覆土厚度、构造做法、钢筋混凝土含量等。

(一) 项目的定位

当前房地产市场销售不景气，刚需产品才是生存的主要产品，因此，在

保证住宅最基本的要求下，房地产开发企业应该抛弃以前追求豪宅的开发理念，开发经济实惠的住宅产品。在满足建筑密度和绿化率的前提下，根据产品的档次，采用不同的停车组合方式。对于低端产品，建议优先考虑设置地面停车，再考虑架空层和半地下室停车，最后考虑采用地下车库；对于中端产品，建议考虑一定量的地面停车，再考虑架空层和半地下室停车，最后考虑采用地下车库；对于高端产品，考虑少量的地面停车，再考虑半地下室停车和地下车库停车；2层地下室车库能不考虑尽量不考虑。

（二）地下车库的面积

通常情况下，地下车库计入不可售面积，地下车库面积越大摊到可售面积的单方成本越高。售建比率（可售面积与总建筑面积的比值）一般控制在 15% 以内，超过就不经济，所以，地下车库的面积是越小越好。首先，合理控制车位配比，车位配比越低，车位数量就越少，成本也就越低，在规划条件下，车位配比建议控制在 0.85~0.9，车位比每增加 0.1，摊到可售面积的单方成本要增加 110 元 /m² 以上，是一个很明显的成本。其次，合理控制每个车位的面积，一般钢筋混凝土结构的经济跨度在 8m 左右，建议考虑 3 个小车位柱距，尽量使柱网控制在 8~8.2m 左右，车位与通道垂直，有利于车位的紧凑布置。

（三）地下室深度（层数、层高）及布置方式

地下室深度直接关系到土方开挖及运输的数量、基坑围护的面积及造价、基坑降水、地下室底板及侧壁的配筋、抗拔桩、抗浮锚杆的费用等。深度越浅对造价控制越有利。

在项目占地面积足够大的情况下，设置 1 层比 2 层经济。2 层中因竖向布置方式不同，造价也有区别，造价与地下 1 层、2 层的面积比成反比，即地下 1 层面积大于地下 2 层的面积越多，造价越低。最底下 1 层的面积应最小，造价最低。一般情况下，地下室层高每降低 100mm，该层造价将相应减少 1%。因此，比较经济的地下室层高一般控制在 3.6m。如何有效控制层高呢？首先合理选用楼盖体系，控制结构梁高；其次合理布置各专业的设备管线，将各专业管线图进行叠加，分析和优化管网布置，通常可以节省

近200mm 空间；最后如果地下车库能做成自然通风排烟，可降低有效高度400mm 左右，同时减少机械通风排烟设备的安装、运营成本。

（四）人防面积、等级及布置方式

人防面积是硬性指标，一般不可调整或者调整数量有限，人防面积不要多建，与非人防地下室造价相比，人防地下室增加费用约500~700 元 /m²（人防面积）。多层人防地下室一般置于最底下一层，造价最低。

（五）覆土厚度

顶板覆土平均厚度每增加100mm，地下室成本会增加约10 元 /m²。通常情况下地下车库顶板覆土厚度尽量控制在1.2m 以内。覆土越厚，结构荷载越大，在相同柱网的情况下，梁越高，经济指标越大造价越高。

（六）构造做法

构造做法将直接影响到成本。建筑垫层厚度每增加100mm，地下室成本增加约10 元 /m²，同时层高也会增加100mm。地下室顶板采用结构找坡，可省去建筑找坡层，如有筋细石混凝土找坡层厚度平均200mm，成本增加约100 元 /m²。地下室顶板如果采用结构上翻梁，不但不能节约成本，反而会影响渗透水的排出，影响顶板防水层的施工，增加防水层的面积，所以不要做上翻梁。

地下室防水比较复杂，一旦发生渗漏由此带来的影响非常严重。因此，从底板到顶板，再到侧墙，全部都要做防水处理，就像一个盒子一样将整个地下室包起来。设计有时还做成内外两层防水，所以，地下室的防水造价不便宜。房地产开发企业应该从源头上控制，在设计阶段就要考虑防水要求，严格把控图纸会审，调动设计、监理、施工单位的积极性，让他们提出好的设想和做法，提高防水工程的施工质量，降低成本。有时候通过提高施工质量，可以节省费用，如混凝土通过振捣密实，就可以不添加抗渗外加剂，光这个外加剂的费用摊到地下室约100 元 /m²。

(七) 地下室钢筋和混凝土含量

在地质情况和上部建筑确定的前提下，要有效地控制地下室钢筋和混凝土的含量，首先要根据项目的具体情况，优选地下室的结构方案；其次要合理布置各专业的设备管线，做好管线的综合平衡；再次要控制好地下室的层高 (埋深) 及覆土厚度，层高越低越经济，覆土厚度越薄越经济；最后对于由强度计算决定配筋的构件，可以考虑用强度高的钢筋代替强度低的钢筋，也可以减少钢筋的用量。

总之，根据项目的具体情况，控制好上述影响地下室成本的主要因素，避免地下室的资金沉淀过大，尽可能地以最少的成本建设好地下室工程。

三、基于成本控制的地下室结构优化设计策略

地下室进行结构优化设计时，要在保障建筑的使用性能、安全性能的基础上，充分运用结构材料的性能。以某工程为案例，从地下结构的覆土厚度、柱网布局、材料选用、基础造型、外墙设计和构造等方面进行分析，探讨地下室结构优化设计的合理性和经济性，以及其对成本控制的影响。

(一) 合理确认覆土的厚度

以南水玖悦府项目为例，总面积约为 $38033.88m^2$，地下室面积为 $12593.11m^2$，地下室 1 层，高度为 3.9m，主要用于小型汽车存放，抗震设防烈度 6 度 (0.05g)，抗浮水位取室外地坪下 1.0m，持力层的承载力特征值为 180kPa，为粉质黏土层。对地下室顶板的覆土厚度的确认需要根据管线的深度、抗浮要求及景观种植等方面因素综合考虑，降低地下室土基方面的成本。为了有效进行成本控制，一般可考虑局部管线密集，种植一些大乔木等方式，该项目采用覆土厚度是 1.2m。

(二) 合理布局柱网

根据建筑结构的使用功能进行分析，地下室一般都会采用三种柱网结构。从土建成本方面进行分析，A 型柱网可以有效降低层高和成本造价，但是相对来说停车利用率不够高。通常情况下，都会采用柱网短跨和长跨比

例小于 0.75 的模式，这种设计可以让两个方向的主、次梁高度更好地协调，保障楼盖的结构高度较小，而且具有较好的利用率，有效降低成本造价。

(三) 合理选用施工所需材料，有效降低成本造价

根据项目施工时期，当地商品混凝土价格来分析其不同混凝土强度等级的性价比。当混凝土的强度等级越高，其价格也表现得更高，整体的性能价格比值也越高。根据工程中对混凝土强度等级的要求标准进行合理的选择，保障达到最佳的经济效益。根据工程项目对地下室的要求标准，柱的弯矩较小，基本是处于轴心受压的状态，横截面尺寸根据轴压比进行把控。如果地下室柱网较大，那么柱可以采用角钢混凝土强度等级，以减少横截面。地下室外墙属于压弯构件，地下水、土的侧向压力将决定其截面大小，由于该项目地下室外墙较长，施工中存在大体积混凝土的效应，所以采用的混凝土强度等级高，就容易出现收缩变大产生裂缝危害，在此选用 C25 ~ C35 混凝土强度等级。另外，在设计时还需要考虑钢筋的选择，根据设计计算决定配筋量，一般优先选择 HRB500 级钢筋，其次是 HRB400。除了吊环或者特殊部分要求，不会选用 HPB300 级钢筋。

(四) 基础选型

根据地下室工程设计经验，基础造价方面占据了整体造价非常大的比重，施工地质条件存在较大差异，基础选型也有所不同。一般情况下，采用不同的基础方案整体成本的影响比重由低到高是天然地基、处理地基、桩地基，相对来说天然地基的截面尺寸是最大的，处理地基比较经济一些。地下室一般都是采用框架结构，如果有防水需求时则需要做好地基的处理，可以采用独立基础加防水板的模式。如果没有防水需求的时候，采用建筑地面普通做法即可满足要求。该地下室工程地质情况比较简单，整体承载能力可以满足设计的要求和标准，根据结构自重标准值 > 1.05 的情况可以分析此处不需进行其他康复措施，考虑成本把控及施工难度方面的情况，该工程项目可采用独立基础加防水底板的模式。

（五）外墙结构优化设计

地下室外墙传统的方式都是采用单向板计算，也就是选取顶板、底板作为外墙的支撑点，然后去单位宽度的外墙根据地下室的层数进行相关计算。当外墙的厚度比周边构件厚度大时，可以按照简支进行计算，除此以外，可以按照嵌固进行计算。当外墙两侧存在翼墙，同时期间距不大于层高的2倍时，可以按照双向板的设计方式进行地下室外墙结构优化设计。地下室外墙要满足裂缝的要求标准，外墙外侧可以采用分离式配筋，这样不但可以有效提高外墙受力，而且还可以降低工程造价成本。

在建筑地下室结构设计过程中，设计人员需要综合考虑各方面影响因素，一般建筑地下部分的混凝土用量、含钢量都比较大，大约占据整体造价的40%～60%。因此，为了能有效降低结构成本，避免浪费，必须通过结构的科学、合理设计，不但可以有效提高建筑的安全性和稳定性，也可以有效降低成本造价，为企业带来更多的经济效益。

第五章 结构设计的成本优化管理策略

第一节 基坑支护工程方案优化策略

一、基坑工程的特点

基坑工程不同于其他的地基工程，是作为一种临时性结构存在的，有着与其他工程结构不一样的风险因素。基坑结构，除了少数的将其和地下结构合二为一，成为地下结构的一部分之外，一般都是作为临时性的工程结构；与建筑工程永久结构相比，基坑临时结构考虑的风险因素较少。所以，基坑工程的风险性较大，要求在方案设计阶段、施工管理阶段都要重点关注。

(一) 基坑工程区域性较强

工程项目所在地的水文地质环境情况对基坑工程有着重大影响，地质的不同，所采用的基坑支护方案也不一样。例如，软土地基、沙土地基、黏土地基的地质环境较为恶劣，选取基坑支护方案就应选择挡土能力较强的基坑支护方案；如果工程项目处于地下水位较高的地带，基坑工程就要注意降排水措施。所以，基坑工程具有较强的区域性。基坑工程在前期设计阶段，应委托具有良好资质的勘察单位对工程项目所在地及周边的水文地质环境进行详细的勘察，并形成勘察报告，作为后期基坑支护方案设计的依据。勘察工作应做到全面细致，不仅要对项目所在位置进行勘察，还要对项目周边进行查看，使勘察报告更加科学合理。

(二) 环境条件影响大

工程项目中不仅水文地质条件对基坑工程有着重大影响，项目周边环境对基坑工程也有影响。如果基坑工程紧邻周边建筑物，在基坑施工阶段就需要对周边管线进行额外保护，更要严格控制基坑支护结构的变形，制定相应的管理措施。所以，基坑支护方案的选择一定要将工程项目周边环境情况考虑进去。

随着我国经济的飞速发展，城镇化速度加快，各大城市日新月异，城市空间越来越小，很多的建筑项目不得不在城市密集区域进行建设。另外，在大型城市发展的过程中，一些老旧区域势必会面临改造升级的局面，在城市中心进行新建筑的建设也必将面临建筑密度大、交通流量大的压力，项目周边可能会有其他的建筑和市政设施，例如：项目所在位置可能位于地铁线路的上方，所以，在对基坑支护方案进行设计时要重点考虑这些影响因素，避免产生基坑工程事故的发生概率。

（三）时空效应强

基坑工程不同于地上建筑，其基坑的大小和形状对基坑支护体系的影响很大，另外，土方的开挖顺序对基坑支护体系也有较大的影响，所以，基坑工程具有较强的空间效应。工程项目，尤其是大型工程项目的地基工程工期一般较长，随着基坑工程的持续，基坑周边的土层会由于其蠕变的特性造成基坑支护体系受力的改变，土层变化越大，支护体系的抗剪强度就越低，所以，基坑工程又具有时间效应的特性。综上所述，基坑工程具有时空效应，而且这种时空效应应在基坑支护方案设计前期进行重点考虑。

（四）系统性强

基坑工程是一个系统性较强的工程，从广义上来讲，项目地质勘测、土方开挖、基坑支护、基坑降排水、地下结构施工及基坑监测都属于基坑工程，这些环节彼此间存在相互影响、相互依赖的关系，形成一个系统性的工程。基坑支护结构的设计应该考虑后期的土方开挖及地下结构的施工，应保证支护结构不能影响地下工程的正常施工。所以，基坑工程的实施应该由具备多方面知识的管理者来实施，不仅要求有着丰富的岩土工程知识、建筑结构力学及土压力的计算等方面的专业知识，还要有过硬的管理能力。因此，在基坑工程编制施工组织设计时就应该将这方面的影响考虑进去，以免造成工程项目不必要的进度延误。

(五) 环境效应强

基坑工程的环境效应较强，因为，基坑工程的实施可能会对项目周边建筑物和市政道路、地下管线造成影响，而且这种影响会随着基坑工程的实施越来越明显。除此之外，基坑工程项目在实施过程中，会持续产生较大的噪声污染，噪声污染是工程项目建设过程中不可避免的环境污染，而且噪声污染不能完全用其他的设备设施进行消灭；另外，施工过程中土方开挖回填及运输途中会产生较大灰尘、建筑垃圾等环境污染，这对周边居民的影响最大，项目管理者一旦处理不当就会遭到投诉，进而影响项目的进度和成本。

(六) 具有较大工程量及较紧工期

基坑工程涉及各个方面，而且工序较为复杂，首先需要进行地质勘察，勘察结果要反复验证，之后要进行基坑支护方案的设计和基坑周边的降排水；然后，要对基坑进行土方开挖和基坑支护、支撑，这一阶段一旦遇到连续的降雨，会将基坑工程的工期延误很长时间，土方开挖完毕要进行打桩和地下结构的施工，这一系列工序会造成基坑工程的工期很长、工程量也很大。

(七) 具有很高的质量要求

基坑工程可以说是工程项目的前期基础工程，是作为万丈高楼的地基工程，基础质量的好坏直接关乎整个项目的质量。地下结构的实施首先要有一个稳定的地下空间，而稳定的地下空间则由基坑支护结构来提供的，所以，基坑支护结构的质量对基坑工程的质量有着重大的影响。深基坑的支护结构一般是作为临时性结构存在的，但有的支护结构在设计的时候将其作为日后地下结构的一部分进行施工的，这种情况下的基坑支护结构直接影响地上建筑的质量，其质量要求较高。此外，基坑工程周边如果环境不好对基坑质量的要求就更加高了，工程项目周边如果存在较高的建筑物或者较为复杂的地下设施，基坑工程在实施过程中就要加强对不利因素方面的监控，避免质量事故的发生。

(八) 具有较大的风险性

一般来说，基坑工程是作为工程项目中的临时结构进行建设的，其相应的安全储备就较小，因此会有较大的风险性。同时，基坑工程又是较为复杂的系统性工程，影响因素较多，影响较大的周边环境因素又是处于不断变化的；而且，基坑支护结构的临时性特点，使得项目管理者不愿对这部分工程量投入过高，因为其不构成工程实体，造价过高势必会影响工程项目的收益，所以，基坑工程具有较大的风险性。

(九) 具有较高的事故率

据科学统计，在某些城市中基坑工程事故的发生率高达百分之三十，占事故发生概率的三分之一，可见，基坑工程具有较高的事故发生率。基坑工程事故的发生有着多方面的原因，首先，基坑周边建筑环境处于不断变化的过程中，尤其是基坑工程是在地下施工，如果是深基坑工程，地下深度较大，一旦遭遇连续降雨，施工排水不及时，很有可能会引起基坑坍塌，造成重大的人员伤亡和经济损失。所以，基坑工程的复杂性造成基坑工程具有较高的事故发生率。

(十) 基坑支护的功能

基坑支护工程是为保护地下主体结构施工及基坑周边环境安全，对基坑采用的临时性支挡、加固、保护与地下水控制的措施，主要包括支挡结构和支撑结构。支挡结构主要由钢板桩、钻孔灌注桩、地下连续墙、深层水泥搅拌桩、土钉墙等竖向构件构成，其功能是形成支护排桩或支护挡土墙阻挡基坑侧壁土体；支撑结构由内支撑和锚杆等水平构件构成，内支撑通常用到的材料有钢筋混凝土、型钢和钢管，锚杆常用的材料有钢筋和钢绞线，支撑结构的主要功能是加强支护结构的稳定性、抵抗支护结构的位移。同时，地下连续墙、深层水泥搅拌桩、旋喷桩、压密注浆等具有挡水功能。

二、基坑支护的功能及成本控制原则

基坑支护工程功能的实现需要投入相应的成本，进行基坑支护工程的成本管控应遵循经济合理、先进适用、兼顾建设与使用的原则。

基坑支护结构大多数都是临时性结构，基坑支护体系的建设、使用到拆除即为它的全寿命周期。基坑支护方案既要方便施工，又要满足使用功能，若单纯地只考虑降低建设成本，就很难保证建设质量，使用功能难以达到要求，从而增加使用周期的维护成本或重新建造的费用，全寿命周期费用则无法得到控制，严重的甚至有可能会带来重大的质量安全事故，给社会和人民带来严重的危害。若只追求建设的质量和过高的功能要求，会造成资源浪费、建设成本增加，虽然使用周期的维护成本会有所降低，但全寿命期总费用也依然会偏高。因此，兼顾建设与使用，考虑全寿命周期成本，选择合理的功能水平，以最低的全寿命周期费用实现基坑支护工程的必要功能是最理想的状态。

价值工程原理正是力求以最低的寿命周期成本实现产品必要功能的一种技术与经济相结合的管理办法。通过价值工程，在满足基坑支护工程功能要求的前提下，尽可能地降低造价，或者在资金限制的范围内，尽可能地提高基坑支护的功能水平。

三、价值工程原理及运用方法

(一) 价值工程原理

价值工程，是通过研究产品或系统的功能与成本之间的关系，来改进产品或系统，以提高产品或系统价值的现代管理技术与方法。价值工程包括价值、功能和成本三个基本要素，分别用字母 V、F 和 C 来表示，且价值（V）= 功能（F）/ 成本（C），通过计算得出的价值（V）的大小来判断分析需要优化和改进的对象。

若价值（V）=1，说明功能现实成本与功能评价值相匹配，属于理想状态，一般无须改进。

若价值（V）< 1，说明功能现实成本大于功能评价值，评价对象的现实成本偏高，而功能要求不高，原因可能有以下两种：

（1）实现该功能的条件或方法不佳，导致实现该功能的成本过高，应当作为改进对象。

（2）可能存在功能过剩，附加了过多的不必要功能或剩余功能，导致现实成本偏高，应当作为改进对象，降低现实成本，去掉不必要的或过剩功能，使成本与功能比例趋于合理。

若价值（V）>1，说明功能比较重要，但分配的成本较少，功能现实成本低于功能评价值，是否作为改进对象，视具体情况而定：

（1）评价对象在技术、经济等方面存在某些特殊性，在客观上存在功能很重要但需要消耗的成本却较低的情况，从而使其具有较高的价值系数，可不作为价值工程的改进对象。

（2）评价对象目前具有过剩功能，应作为价值改进对象，改进方向为降低功能水平。

（3）评价对象目前成本偏低，不能满足评价对象实现相应的功能要求，应作为价值工程的改进对象，改进方向为增加相应的成本。

（二）价值工程在造价控制中的应用方法

价值工程对工程造价的控制主要通过确定研究对象、功能分析、功能评价、确定改进对象和方案，以及实施评价结果这几个环节来实现。

（1）确定研究对象：以成本比重大、品种数量少的对象作为实施价值工程的重点。

（2）功能分析：分析研究对象具有哪些功能，并对功能进行定义和整理，明确各项功能之间的关系，以及各项功能的构成要素，并编制功能系统。

（3）功能评价：评价各项功能，确定功能重要性系数、成本系数，计算价值系数。

（4）确定改进对象和方案：根据价值系数和研究对象具体情况，确定改进对象和改进方案。

（5）实施评价结果：检查实施情况并评价活动成果。

基坑支护工程是一项系统而复杂的工程，对房屋建设工作起着非常重要的作用，追求质量、安全可靠是基坑支护工程管理的重要任务，同时也要处理好安全可靠、环境保护、施工便利与经济合理之间的关系，力求实现项目价值最大化，促进建设工程领域良性发展。本节通过运用价值工程原理对实际基坑支护工程的功能与成本进行分析，根据分析结果，有针对性地对方案进行了优化与改进，在确保必要功能实现的基础上合理的降低了工程成本，提高了项目的价值，对合理控制和确定基坑支护工程成本具有一定的借鉴意义。

第二节　桩基工程的成本优化策略

一、桩基工程施工成本控制的必要性

在企业发展战略中，成本控制处于极其重要的地位。企业战略是着眼长远，适应企业内外形势而做的总括性发展规则，它指明了竞争环境中企业的生存态势和发展方向，进而决定了最重要的工作内容和竞争方式。如果同类产品的性能，质量相差无几，决定产品在市场竞争的主要因素则是价格，而决定产品价格高低的主要因素则是成本，因为只有降低了成本，才有可能降低成本价格。在现代经济社会中，成本控制必须应是全过程的控制，不应仅是控制产品的生产成本，而应是控制产品寿命周期成本的全部内容。实践证明，只有当产品的寿命周期成本得到有效控制，成本才会显著降低。而从全社会角度来看，只有如此才能真正达到节约社会资源的目的。此外，企业在进行成本控制的同时还必须要兼顾产品创新，特别是要保证和提高产品的质量，绝不能片面地为了降低成本而忽视产品的品种和质量，更不能为了片面追求眼前利益，采取偷工减料、冒牌顶替或粗制滥造等歪门邪道减低成本。否则，其结果不但会坑害消费者，最终也会使企业损失信誉，甚至破产倒闭。一个企业的成本控制能否取得成功，更重要的还是取决于企业的高层领导对成本控制的重视程度。否则，再好的成本控制制度也形同虚设，难以取得应有的效果。

随着科技化和信息化的发展及行业竞争体制的完善，各行各业利润率的透明度也越来越高，建筑业竞争正处于成本竞争阶段。为适应市场竞争的需求就必须实现项目所有参与者由经验型向生产型观念转变，将效率优先转变为效益优先。桩基工程是一个工程项目中可创效益比重最高的一部分，该部分造价占总造价的 20% 左右，利润率可达到 15% 左右，而土建部分虽然耗时长，工程量大但利润率却只有 7% ~ 8%，远远不及桩基部分，桩基部分可以说是最有利可图的部分，所以有效降低建筑桩基成本，对于节约资源，

提高建筑产品的品质，提高建筑业的经济效益、社会效益和环境效益具有重要的意义。

二、降低桩基施工成本的方案

(一) 以设计阶段为重，从源头降低成本

很显然，工程成本控制的关键在于施工前的投资决策和设计阶段，而在项目做出投资决策后，关键就在于以设计方案的优化来控制工程总造价。建设工程全寿命费用包括工程造价和工程交付使用后的经常开支费用 (含经营费用、日常维护修理费用、试用期内大修理和局部更新费用)，以及该项目使用期满后的拆除费用等。设计费用一般只有建设工程全寿命费用的 1% 以下，但正是这不足 1% 的费用对工程造价影响度达 75% 以上。

要有效降低成本控制工程造价，就要坚决把控制重点转到建设前期阶段上来，尤其应抓住设计这个关键阶段，以取得事半功倍的效果。

(二) 搞好成本预测，确定成本控制目标

成本预测是成本控制的基础，为编制科学、合理的成本控制目标提供依据。因此成本预测对提高成本控制的科学性、降低成本和提高经济效益有重要的作用。加强成本控制，首先要抓成本预测，成本预测的内容主要是使用科学的方法结合中标价 (合同价) 根据不同类型的桩基工程、施工条件、机械设备和人员素质等对项目的成本进行预测。

1. 工、料、机费用预测

一般来讲，桩基工程工序较简单，根据不同的工程分析项目人工费用单价，分析工人的工资水平及社会劳务的市场行情，根据工期及准备投入的人员数量分析该项目工程合同价中人工费是否合理。材料费占建安费的比重极大，应作为重点予以准确把握，分别对主材、辅材及其他材料费用进行逐项分析，重点核定材料的供应地点、购买价、运输方式及装卸费用。在投标书施工组织设计中的机械设备的型号和数量一般是采用定额套算方法，与工地实际施工有一定的差异，工作效率也有所不同，因此在项目成本分析时，要根据实际使用的机械设备测算将要发生的机械使用费用。

2. 施工方案引起费用变化份额预测

工程项目中标后，必须结合施工现场的实际情况制定技术上先进可行和经济合理的实施性施工组织设计方案，结合项目所在的经济、自然地理条件、施工工艺、设备选择和工期安排的实际情况，比较实施性施工组织设计所采用的施工方法与标书编制时的不同，或与定额中施工方法的不同，以据实做出正确的预测。

3. 大型临时设施费的预测

一般来说，桩基工程工期较短、人员少，现场条件差。如该工程有总承包单位则在施工前可以与总包方进行沟通，向总包方租赁一部分临时设施；如该工程没有总承包单位则在施工前应该采用集装箱作为临时设施。不同的情况所发生的费用是不一样的，这就要求必须进行详细的调查从而确定合理的目标值。

4. 成本失控的风险预测

成本失控的风险预测是指对本项目实施中可能影响目标实现的因素进行事前分析，桩基工程施工通常可以从以下几方面进行分析：对工程项目技术特征的认识，如熟悉地质报告、周边管线情况、地下是否可能存在障碍物等；对业主（总包）单位有关情况的分析，包括业主（总包）单位的信用、资金到位情况、组织协调能力等；对项目组织系统内部的分析，包括施工组织设计的可行性、资源配置、施工队伍的综合素质等；对项目所在地的交通、能源和电力的分析，如项目在市区就要考虑到材料运输时间的问题，如现场电力不足在沉桩时就要考虑自带发电机等；对气候的分析，如在雨季进行打（压）桩施工，就要考虑到运桩便道是否有足够的承受力并要考虑一部分的便道修复费用等。

（三）寻找节流途径，实现成本控制目标

1. 采取组织措施控制工程成本

首先要明确项目经理部的机构设置与人员配备，明确项目经理部、公司或施工队伍之间职权关系的划分。项目经理部是作业管理班子，是企业法人指定项目经理为其代表人管理项目的工作班子，项目建成后即行解体，所以其应对整体利益负责，同时应协调好与公司之间的责、权、利的关系。其次要明确成本控制者及任务，从而使成本控制有人负责，避免成本大了、费用超了、项目亏了，责任却不明的问题。

2. 采取技术措施控制工程成本

采取技术措施控制工程成本是在施工阶段充分发挥技术人员的主观能动性，对标书中主要技术方案做必要的技术经济论证，以寻求较为经济可靠的方案，从而降低工程成本，包括采用新材料、新技术和新工艺节约能耗，提高机械化使用程度等。

3. 采用经济措施控制工程成本

（1）人工费用控制

人工费用占全部工程费用的比重较大，一般都会在10%左右，所以要严格控制人工费用。要从用工数量上进行有效控制，有针对性地减少或缩短某些工序的工日消耗量，从而达到控制工程成本的目的。

（2）材料费用控制

材料费用一般占全部工程费的70%左右，直接影响工程成本和经济效益。一般做法是要按量、按价分离的原则，主要做好以下两个方面的工作：第一，对材料用量的控制，要坚持按定额确定材料消耗量，在施工中严格控制材料的用量，避免不必要的浪费。第二，对材料进行控制，主要是由材料采购部门在采购前对市场行情进行调查，在保证质量的前提下货比三家、择优购料，且要考虑资金的时间价值，降低材料的采购成本。

4. 加强质量管理，控制返工率并做好总结

在施工过程中，要严把工程质量关，始终贯彻"至精、至诚、更优、更新"的质量方针，各级质量质检人员定点、定岗、定责，加强施工工序的质量检查和管理工作，将其真正贯彻到整个工程中，采取防范措施，消除质量通病，做到工程一次成型、一次合格，杜绝返工现象的发生，避免造成不必要的人、财、机的大量投入而加大工程成本。

事后分析是下一个循环周期即事前科学预测的开始，是成本控制工作的继续。在坚持每月、每季度综合分析的基础上，采取"回头看"的方法，及时检查、分析、修正和补充，以达到控制成本和提高效益的目标。具体来说应做好以下两点工作：第一，根据项目部制定的考核制度，对成本管理责任部室、相关部室、责任人员、相关人员及施工队伍进行考核，考核的重点

是完成工作量、材料、人工费用及机械使用费用四大指标，根据考核结果决定奖罚和任免，体现奖优罚劣的原则。第二，及时进行竣工总成本结算，工程完工后，项目经理部将转向新的项目，应组织有关人员及时清理现场的剩余材料和机械，辞退不需要的人员，支付应付的费用，以防止工程竣工后，继续发生包括管理费用在内的各种其他费用。同时由于施工人员的调离，各种成本资料容易丢失，因此，应根据施工过程中的成本核算情况，做好竣工总成本的结算，并根据其结果评价项目的成本管理工作，总结其得与失，及时对项目经理部及有关人员进行奖罚。

综上所述，对于桩基工程的成本控制要从源头抓起，着眼于过程控制，成本预测是成本控制的基础，围绕成本目标，确立成本控制原则。施工项目成本控制就是在实施过程中对资源的投入，施工过程及成果进行监督、检查和衡量，并采取措施确保项目成本目标的实现。在做好成本预测的前提下，采取一系列的降本控制措施，寻找盈利的突破口，最终实现盈利。在市场经济条件下，价格竞争已经成为建筑市场竞争不可或缺的重要环节。施工企业要在激烈的市场竞争环境下求生存、谋发展，就必须加强对施工项目的成本管理，降低成本是施工企业提高经济效益、增强市场竞争力的重要手段，也是深化企业改革、转变企业经营机制和建立现代企业制度的需要。在工程施工过程中，应把控制成本的观念渗透到施工技术、施工方法和施工管理的措施中，通过技术方法比较、经济分析和效果评价，对工程中各种消耗进行调节和限制，及时纠正各种偏差，把施工费用控制在成本控制计划范围之内。总之，通过采用科学合理的管理方法和成本控制措施，可以使桩基工程的施工成本得到有效控制。

三、桩基础施工阶段控制工程成本的影响因素

桩基工程施工阶段是建筑的实物形成过程，因为桩基工程属于基础性的工程，容易受到外界因素的影响，所以自身的造价也很容易受到各种因素的影响，在众多因素中施工过程中成本的控制对于整个工程的造价的影响是最为显著的，了解施工过程中成本的控制与工程造价之间的关系，有针对性地提出合理有效的策略，才能达到控制桩基施工过程中成本的目的，影响因素如下。

(一) 施工工程量及人工、材料价格的改变

造价人员对工程量的计算出现失误或者不准确，对工程量计算中出现多算和少算的情况会直接影响工程的工程量的改变，而且现场签证的改变也会导致工程量改变，工程量的改变可能是很多因素造成的。

大多数情况，工程量变化一般是由于工程变更和签证导致，工程变更和签证对工程量变化的大小有直接作用。所以在桩基础施工过程中一定认真按照要求执行工程量的变更规定，切忌随便签证、任意改变。工程设计的变更和签证必须要有合理的依据和根据。一般桩基础工程的施工条件不好，所以施工工期可能会比较长，项目从筹建到工程的结束，人工和材料的价格可能随时都会发生改变。所以施工成本也会随之发生变动，桩基工程的成本有很大不确定因素，在造价管理方面一定要加大力度，这样才能更好地控制桩基工程施工成本。

(二) 管理人员素质的高低

管理人员的水平不高，可能导致施工过程中出现窝工和返工的现象。这样既拖慢了施工的总体进度，延长了工期，又对人力、财力和物力造成了浪费，使工程的施工成本加大。所以在施工过程中，管理人员必须经常进行现场抽查，深入了解施工情况和施工进度，尽可能多地去收集工程相关资料，密切关注现场施工动态，分析计算工程中浪费的工程量，这样才能有效地控制施工工程的成本。

(三) 桩基工程施工组织设计方案控制成本

工程的顺利进行，必须采取有效的技术措施，施工组织设计是项目在建设的过程中采取的基本的技术措施。施工组织设计的好坏不仅影响工程的工期，还会对工程的施工工艺的选择产生巨大影响。因为桩基工程施工的过程复杂，所以桩基工程所涉及的施工工序对土方开挖量也会产生直接影响。因此在选择桩基工程的施工工艺的同时，必须对施工工序的先后做好充好的考虑。

桩基工程一般都会开挖大面积的土方，并且桩基工程采用人工挖孔桩的方法，所以人们一般会比较关心土方的开挖方法。桩孔开挖前，必须进行

实地的勘测，考察与地质勘察是否一致。实地考察结束后要根据实际的情况选择合理的开挖方式。土层不一样采取的护壁的形式也不同。每一个部分和细节都必须认真考虑，避免出现浪费。计算桩基工程量时，桩基工程的造价人员一定要在现场，利于更好地算出土方的开挖量，避免工程量的计算出现失误，导致桩基础工程施工的成本出现偏差。

混凝土浇筑是桩基工程施工的重要部分，不同的地质条件，桩基的长度也不同，所以在制作钢筋笼时，必须选择合适的方法，采取正确的步骤，避免在安放过程中出现钢筋的扭曲，同时防止出现钢筋撞击孔壁的现象造成返工。在施工过程中最重要的是保证施工人员的安全，在施工过程中，施工人员必须提高安全警惕，做好安全措施，保证工程安全、顺利完成。

(四) 桩基施工招投标阶段成本控制的影响

施工的招投标阶段会对桩基工程的整个工程造价产生直接的影响，对以后的施工过程和工程竣工结算等会造成直接影响，在工程的招投标阶段如何控制成本是我们首先要面临的问题。在招投标阶段影响桩基础工程成本的主要有三个因素：

1. 对施工图纸及现场环境的认识程度

（1）施工图纸是招投标过程中的重要文件，根据工程图纸才能确定工程量。施工图纸可能会存在很多问题，直接影响桩基工程的成本，所以在招投标过程中，一定要认真研读施工图纸，防止重大错误的发生，避免施工过程中对整个工程进度和成本的影响。施工单位在开标之前一定要对于图纸设计不够合理或者不够明确的地方，加以明确。招标方必须对图纸中不够完善的地方加以修改和明确，并且最后统一修改意见。

（2）施工环境是影响桩基础工程成本的一个重大因素。所以在招投标前，一定实地考察了解现场施工环境，这样才能更好地提出合理的投标价。招投标双方都应该重视现场勘察这项工作，不要将所有精力都花费在施工图纸及招标文件上，避免施工过程中因为设计的变更及现场签证，使整个工程的成本不能得到有效的控制。

2. 招投标文件和合同条款约定条件

招标文件包括的内容主要有招标项目的范围和数量，并对招标工程提出了要求，规定了项目的评标办法标准和方法，规定了施工工期，并且拟定了合同的格式及各项主要条款等。招投标文件是签订施工合同的重要根据，招标文件的有关条款必须与施工合同的内容一致。招标文件及施工合同作为工程的预拨付款、工程竣工结算和工程事故处理中的直接依据。施工单位在签订合同之前，必须认真研究工程项目中的招投标文件和合同。此外，招标文件和合同要合理地规定施工工期。施工工期的合理性直接影响工程质量。为了避免一些单位为了自身利用，减少工期，缩短工期，所以文件和合同中必须对施工工期有明确、合理的安排，并进行中期检查，确保工程定期，高效完成。

3. 桩基工程的评标方法

目前，桩基工程的评标方法常采用的评标办法主要是通过综合评估法和评审的最低价法，以及法律法规允许的其他方法。国际上通用的建筑工程招投标方法是最低价中标法，但我国过去不允许使用，现在这种方法已广泛应用，且成为一种趋势。选择合理的评标方法，才能更好控制施工成本。

(五) 施工工艺对工程成本的影响

随着社会化进程的加快，建筑工程也在快速发展，建筑工程的施工工艺较以前有了很大的提高。先进的施工工艺，既能够缩短工期，也能够提高施工材料的利用率。在施工过程中，能够保证施工质量的完成，当然我们也需不断改进施工工艺，使企业生产效率更上一层楼。

在桩基工程的施工阶必须选择有效的、经济的方案，做好技术组织措施的落实。完善施工方案应从三个方面施工方法的完善，即施工器具的完善和施工顺序的完善，以及施工组织设计的完善。采取的施工方案不一样，施工工期也会不同，所以用到的工器具也有所差异。施工的工期拖得越长，人力、财力、物力都会增加。施工过程当中，按照施工设计合理组织，尽量避免出现窝工、返工现象，造成资源浪费，影响施工进度。施工单位必须对施工组织的设计和施工方案严格把关，认真对工程经济技术进行评审，使工程的施工更加经济合理，在以安全和质量的基础上，采用最经济合理的策略来降低桩基施工工程的成本。

(六) 桩的质量对成本的影响

混凝土灌注桩的施工工艺，与预制桩相比，可分为钻孔灌注桩、沉管灌注桩和人工灌注桩等，该技术的优点主要体现在：施工可塑性强，无论土层是否均匀，均可采用土层结构；施工工艺简单，操作方便。因为是现浇的，所以不存在扩桩的问题。不管桩有多长，都可以一次建成。

使用时噪声也小，不会对施工过程造成干扰。这种方法的主要缺点是：由于混凝土浇筑在隐蔽的地下环境中，因此，进行灌注桩承载力的质量很难控制，桩容易打破和收缩，出现蜂窝，严重影响项目的整体质量。现浇混凝土的施工过程也会在施工现场产生大量的泥浆，影响现场的环境。

以某项目工程为例，该项目工程属于钻孔灌注桩，钻孔灌注桩顾名思义就是根据桩基设计选用合适的机械，通过机械钻满足孔的长度，及时清理眼内的土和垃圾，清理完毕后预先做好钢筋笼，最后在现场浇筑混凝土、浇筑和振捣，保证混凝土满足桩基础的强度，通过一系列工序形成的桩身称为钻孔桩。本桩施工无须打桩，对周围环境土层无挤压压力，对周围建筑物无影响。同时，施工过程中无打桩，无噪声污染。但一般 2m 以上的桩长在灌注固化土时容易出现水泥浆和水泥浆的离析，导致桩底蜂窝形状影响桩的承载力。

合理的施工工艺不仅可以提高施工效率、降低成本，而且是决定质量的重要环节。根据设计元素，结合我国在天津地区大面积钻孔灌注桩工程施工经验，为保证施工质量，本着优质的原则，以某项目工程为例，该工程采用的是钻孔，天然泥浆挡土墙、商品混凝土、导管灌注桩水下施工技术。在施工过程中，每一道工序都需要监理和技术人员的检查，以保证施工质量。

钢套管事故经常发生。套管施工阶段的事故占统计事故的 14.8%，这一阶段的事故主要由地质等客观因素造成，人力难以控制。成本占项目成本的 38%~41%，这是成本占比最大的阶段，但这一阶段的施工风险较难控制，因所占比例较低，且工程未使用干作业成孔，本节暂不分析。而超过50% 的施工事故发生是在钻井阶段。钻井是事故发生频率最高的阶段。但成本相对较低，仅占项目成本的 2%~9%。因此，应该考虑这个阶段的风险。灌注阶段的事故仅次于钻井阶段，占统计事故的 29%，占工程造价的

31%~34%。但现阶段的钻井阶段和灌注混凝土阶段的施工事故大多与施工作业有关。所以规范施工将有效降低这一阶段的风险。

虽说钻井阶段的成本占总成本的比例较低，但从风险成本控制的角度而言应当着重控制，从而避免因施工事故的发生所导致的不必要的成本增加。

影响桩基工程施工成本的主要因素是材料。因此，如何合理控制好材料价格，尤为关键，经数据分析，现场管理的问题也比较突出，因此施工单位应当在现场规范问题上进行着重管理，防止出现概算超估算、预算超概算、结算超预算的现象，从而做到工程的合理性和经济性。

四、桩基工程施工中成本优化策略

(一) 成本计划

成本计划是对建设项目成本进行计划和管理的一种方法。它是以货币形式出现的书面计划，具体规定了生产成本、降低成本的速度和为降低建设项目的成本而提前采取的措施。认真编制成本计划是保证施工顺利进行的必要前提。如果钻孔灌注桩工程造价方案可行，必须做好以下工作。首先，成本计划应该是灵活的。理论支出的成本往往与施工过程中的实际支出有一定的出入，在制订成本计划时，要留有一定的余地。其次，在编制成本计划时，必须考虑到施工过程中可能存在的风险因素。如果不考虑这些风险因素，可能使工程造价失控，甚至造成整个工程的损失。建筑工程常见的风险因素有施工技术、工艺的变化导致施工方案的变化；交通、能源、环保等要求的变化；原材料价格上涨；工资福利增加；自然灾害；可能的工程索赔；涉外工程在国际结算中涉及的汇率风险。这些危险因素在钻孔灌注桩施工中同样是存在的。

(二) 成本预测

正确的成本预测不仅要运用理论与实践相结合的方法对工程量进行准确的评价，而且要运用一定的科学方法对未来材料成本水平及其变化趋势进行科学的估计。一般情况下，甲方给出的工程造价是施工方根据当时主要材料的市场价格计算出的价格。事实上，主要材料的市场价格是随市场规律波动的，桩基工程主要施工材料为钢筋和混凝土，因为从中标到开工建设这段时间，桩基工程中的主要材料（钢材和混凝土）的价格可能会有很大的变化。因此，在项目成本方面，应采用一定的程序咨询具有相关专业经验的专家。专家应根据自己的经验作出合理的判断。我们将综合这些判断，得出项目成本的预测结果，并采取让甲方在签订合同时给予差价补贴等措施，降低成本风险。

（三）成本控制

成本控制中影响钻孔灌注桩施工的成本因素主要有人工、机械设备和建筑材料，因此，成本控制应从以下三个方面寻求突破。

（1）人工。人工成本可根据成孔、罐笼制作、浇筑等工序进行计算，在保证工作量的前提下，尽量减少人工数量，最大限度地利用12h轮班制的时间。根据优化后的劳动力数量，计算"一平方米"和"延米"的工资含量，以综合价格表示。

（2）机械。根据现场踏勘情况，在满足工程需要的前提下，合理配置施工机械设备。目前，工程建设中使用的机械设备主要是租赁的。但是，目前机械设备利用率低，大量资金浪费在不能发挥作用的机械设备上。同时，由于缺乏机械设备的协调配置体系，无法实现机械设备资源的共享，直接增加了工程造价。所以应合理规划机械设备的租赁，包括数量和容量，避免浪费；同时应随着施工进度及时调整现场设备，确保机械设备的利用率。

（3）材料。钻孔灌注桩的主要成本是直接成本中的材料成本。而混凝土和钢材的成本是材料成本中的主要支出，所以控制好混凝土和钢材的用量是非常重要的。

（四）成本核算

成本核算是项目实施内部管理的重要组成部分。在施工阶段，往往耗费大量的人力、物力和财力。项目的商务人员有必要有效地控制这些成本。加强施工企业施工阶段的成本核算，有助于项目部管理层全面掌握施工成本，根据实际情况作出成本控制决策，提高项目经济效益，增强项目竞争力。项目部在具体施工前应全面了解工程施工合同的成本控制要求，在完成详细核算项目的基础上，提高工程的成本控制效果。相关成本控制人员可以通过成本核算加强成本控制，全面了解和掌握项目现阶段可能存在的经济问题，并采取措施及时解决。由此可见，项目成本核算的有效实施不仅有利于施工成本的控制，而且有利于企业的进一步发展和企业经济效益的提高。

(五) 成本分析

钻孔深度的差异也会影响桩基的造价。不同地层中桩基施工成本的差异主要体现在钻孔施工中。随着桩基长度的增加，混凝土浇筑占桩基施工总成本的比例也随之增加，钻井施工等阶段所占比例相对较小，因此，钻井深度的变化对总成本的影响很有限。经计算，施工成本主要集中在混凝土上，因此，混凝土的成本控制最为重要。

(六) 成本评估

加强工程造价评估是预测和控制工程造价的有效措施。通过项目成本评估，项目管理部门可以选择最佳的成本计划，并能加强薄弱环节的成本控制，在施工项目成本形成的过程中，克服盲目性，提高可预测性。因此，为了提高工程项目的管理水平和经济效益，施工企业必须对工程项目进行及时、准确、科学和合理的成本评估。

第三节　住宅剪力墙结构的成本优化策略

一、剪力墙概述

剪力墙又称抗风墙、抗震墙或结构墙。房屋或构筑物中主要承受风荷载或地震作用引起的水平荷载和竖向荷载（重力）的墙体，防止结构剪切（受剪）破坏。剪力墙一般用钢筋混凝土做成，分为平面剪力墙和筒体剪力墙。平面剪力墙用于钢筋混凝土框架结构、升板结构、无梁楼盖体系中。为增加结构的刚度、强度及抗倒塌能力，在某些部位可现浇或预制装配钢筋混凝土剪力墙。现浇剪力墙与周边梁、柱同时浇筑，整体性好。筒体剪力墙用于高层建筑、高耸结构和悬吊结构中，由电梯间、楼梯间、设备及辅助用房的间隔墙围成，筒壁均为现浇钢筋混凝土墙体，其刚度和强度较平面剪力墙可承受较大的水平荷载。

墙根据受力特点可以分为承重墙和剪力墙，前者以承受竖向荷载为主，如砌体墙；后者以承受水平荷载为主。在抗震设防区，水平荷载主要由水平地震作用产生，因此剪力墙有时也称为抗震墙。

剪力墙按结构材料可以分为钢板剪力墙、钢筋混凝土剪力墙和配筋砌块剪力墙。其中以钢筋混凝土剪力墙最为常用。

二、剪力墙住宅结构成本优化措施及应用——以高层建筑为例

剪力墙结构设计房间布置灵活，建筑物朝向、通透性等容易满足需求，广泛受到房地产开发商及购房业主的青睐。高层剪力墙结构住宅将成为住宅建设的主流。

(一) 剪力墙结构成本优化原则

1. 结构方案合理

只有合理的结构设计方案，才能在保证结构安全的前提下降低成本，对于高层剪力墙住宅结构，剪力墙整体布置的合理性是结构方案合理的基础，因此应特别注意剪力墙整体布置的合理性。JGJ3—2010《高层建筑混凝土结构设计规程》规定了剪力墙结构的布置原则：平面布置宜简单、规则，宜沿两个主轴方向双向布置，两个方向的抗侧刚度不宜相差过大。高层剪力墙结构方案应有适宜刚度，刚度过大会导致结构地震力整体偏大，而刚度过小会导致地震时建筑物产生过大位移，从而抗倒塌能力不足。根据对大量高层剪力墙住宅结构方案的分析及归类，剪力墙住宅结构最大层间位移角宜控制在 $1/1000 \sim 1/1500$。

2. 充分发挥建筑材料性能

建筑材料的浪费是建筑成本升高的主要原因。为了达到经济合理的设计目标，要充分发挥材料的力学性能。结构计算时要对结构体系及构件进行准确的受力分析，不要随意简化，避免结构构件计算不准确导致结构设计不安全或材料浪费。对结构构件进行配筋时，应避免钢筋排布不合理而产生对结构受力没有作用的钢筋，同时尽量减少剪力墙小墙肢和短肢墙等用钢量偏高，但对抗震性能贡献不大的结构构件。

(二) 优化措施

1. 优化结构方案

(1) 剪力墙布置优化

以抗震烈度7度区为例，在高层剪力墙住宅标准层单位面积含钢量中，剪力墙墙身的用钢量约占总用钢量的40%~60%，边缘构件的用钢量约占总用钢量的30%~50%，所以剪力墙的结构布置成为控制结构成本的控制性因素。结构布置时，剪力墙的数量不宜过多，并应尽量减少边缘构件的数量。

具体措施如下：

①剪力墙数量宜少不宜多，以结构达到最优刚度为原则。

结构整体侧移刚度要适中，楼层层间位移与层高的比值接近1/1000时，结构刚度为最优。剪力墙太多不仅加大地震力，而且使结构重量加大，施工工程量相应加大。在方案设计阶段，剪力墙数量可按照底层面积的5%~6%进行控制。剪力墙布置时宜尽量采用大开间布置方式，剪力墙的间距宜控制在6~8m，以充分利用剪力墙的材料强度。统计资料表明，与小开间布置相比，大开间布置剪力墙可使单位建筑面积的混凝土用量减少20%~30%，钢筋用量减少10%左右。

②强周边，弱中部，增强结构的抗扭刚度。

剪力墙尽量布置在结构的周边外围，以增加结构抗扭刚度，必要时可利用窗台增加剪力墙连梁的高度。结构中部尽量减少剪力墙布置，以减小结构的平动刚度。平动刚度的减小有利于控制结构的周期比、位移比，使结构能在不增加剪力墙的前提下满足规范要求的各项控制指标。

③均匀性原则。

剪力墙沿整个结构平面布置宜均匀，墙段长度不宜相差过大，[①] 不宜布置长度大于8m的过长墙段，也不宜布置较多的小墙肢和短肢墙。应控制各墙肢的轴压比，在竖向荷载作用下，各剪力墙墙肢的轴压比宜接近并尽量靠近相应各抗震等级规范规定的轴压比限制。避免墙肢轴压比过小，不能充分发挥材料性能，造成浪费；同时也避免因剪力墙构件竖向变形不均匀，导致

---

① 杨现东 . 高层建筑剪力墙结构优化设计研究 [J]. 四川建材，2016，42 (2)：47-48.

梁构件出现塑性变形，影响结构安全。[①]

④墙肢形状宜简单、规则，宜通过连梁或框架梁连成整体抗侧力结构剪力墙布置时墙肢截面尽量选用L形、T形、十字形等简单、规则的形状，避免出现复杂和多向转折的截面，并同时应尽量减少剪力墙边缘构件的数量。结构两个方向的墙肢宜通过连梁或框架梁连成整体，形成整体的抗侧力结构，从而在不增加剪力墙数量的前提下，增加结构的整体抗侧刚度，取得剪力墙少但整体抗侧刚度强的最优布置方案。

⑤剪力墙布置沿竖向均匀变化，避免刚度突变为避免刚度突变，不宜采用底部剪力墙数量多，而上部剪力墙逐渐减少的布置形式。剪力墙厚度沿高度方向宜均匀渐变，剪力墙的厚度取值除满足规范规定外，可按照墙体厚度不小于0.9N（N为计算截面以上的层数）进行估算。截面厚度不宜过大，以尽量减轻结构自重。

（2）梁、板布置优化

在高层剪力墙住宅标准层单位面积含钢量中，梁和楼板的用钢量约占总用钢量的35%～55%，所以梁板布置对结构含钢量的影响也不容忽视。

①梁布置

剪力墙结构中梁的跨度一般较小，约3～5m，不宜设置高度较大连梁。由于住宅户型的要求，会出现长度较小的隔墙及墙垛，这些部位下部可不设置梁而改为设置楼板加强筋，以节省钢筋及混凝土用量。过多布置混凝土梁，会使板跨很小，不能充分发挥楼板的材料性能。

②板布置

楼板除客厅位置外一般跨度较小，且活荷载不大。为减轻结构自重，在满足扰度、裂缝及楼板内设置设备管线所需厚度的前提下，楼板厚度宜尽量取薄。板厚增加2cm，结构自重将增加3%左右，导致整体结构地震作用增大，结构配筋量相应增大。

2. 合理的计算分析

（1）嵌固端位置的合理选取

计算嵌固端的位置很重要，一般情况下，应尽量将上部结构的嵌固部位选择在地下室顶板，此时结构的加强部位明确，地下室结构的加强范围高

---

① 朱炳寅.建筑结构设计问答及分析[M].北京：建筑工业出版社，2013.

度小，结构经济性好。当主楼周边有地下车库，车库顶板与地下室顶板存在高差时，宜采取构造措施，保证水平地震力的可靠传递。

（2）连梁刚度折减系数的合理取值

GB50011—2014《建筑抗震设计规范》的条文解释中明确提出：计算地震内力时，抗震墙连梁刚度可折减；计算位移时，连梁刚度可不折减。所以在计算位移及位移比时，连梁刚度折减系数应取1；在计算地震内力时，连梁刚度折减系数取值应不小于0.5。许多设计人员往往统一按照0.6取值，导致结构位移计算值偏大。

（3）周期折减系数取值

结构计算模型未考虑非结构构件的刚度贡献，通过经验系数对计算周期进行折减，适当增大结构抵御地震作用的能力是有必要的，应根据填充墙材料及所占的比例来确定周期折减系数，对高层剪力墙结构而言，一般取0.9～1.0。

（4）风荷载地面粗糙度类别取值

地面粗糙度类别直接影响风压高度变化系数，从而影响风荷载标准值的计算，粗糙度类别的判定可参考 GB50009—2012《建筑结构荷载规范》的条文解释，周围2km迎风半圆影响范围以内建筑物高度在6层以上时，可取为 D 类。以60m高的高层住宅为例，B 类地面粗糙度位置计算得出的风荷载标准值是 D 类位置的2.2倍。可见地面粗糙度对结构的影响是不容忽视的。

3. 优化结构构造配筋

（1）剪力墙构造配筋

通过合理的剪力墙布置及墙肢长度取值，控制各墙肢轴压比，使剪力墙的配筋大多为构造配筋，其节点区主筋、箍筋及墙段水平分布筋的配筋均按规范的最小配筋率配置。当组合墙肢，计算配筋量较大时，可采用 PKPM 结构软件中组合墙配筋计算程序进行补充设计，考虑翼缘的有利作用，为剪力墙提供更为合理的配筋。一般情况下能节省大约15%～40%的钢筋用量，而且使得钢筋在墙体中的布置效率更高。[①]

---

① 中国建筑科学研究院 .PKPM 多高层结构计算软件应用指南 [M]. 北京：中国建筑工业出版社，2010.

当为控制墙肢长度，墙肢端部离建筑洞口边缘距离较小时，剪力墙墙肢边缘宜加长至洞口边缘，虽然加长了墙肢，但避免了设置墙肢与填充墙拉结筋，同时取消了洞口两侧的填充墙，减小了施工难度，降低造价。对较短墙肢配筋时宜全截面按照边缘构件设计，取消水平及竖向墙体分布筋。

(2) 梁构造配筋

对剪力墙平面外有梁连接时，梁跨度、截面高度不宜过大，当梁端改为铰接后，结构整体刚度、位移比等指标均满足规范要求时，宜设置梁端铰接，避免在此处设置较大的暗柱，增加墙体配筋，同时注意梁端纵筋的锚固要求应同计算假定相对应。由于在高层剪力墙结构中连梁、框架梁的内力及配筋随高度变化较大，应适当选择归并层数，归并时注意梁配筋的变化，达到节约钢材的目的。

对于剪力墙结构，框架梁的跨度一般都比较小，宜利用梁顶的角部部分钢筋全跨通长设置，不再另设架立筋，减少钢筋搭接和施工难度。对于同一轴线上相邻两跨梁的共用剪力墙支座，当作为支座的剪力墙墙肢顺梁方向长度小于两侧梁顶部纵筋的锚固长度之和时，梁顶纵筋直径宜相同，并合并为一根连续梁设计。

高层剪力墙结构住宅成本控制，能够大大减少建筑材料不合理浪费，对提高建筑结构经济性的具有明显的意义。高层剪力墙住宅结构的成本控制，要以结构方案合理、建筑材料力学性能充分发挥为原则，重点要优化剪力墙布置。剪力墙数量宜少不宜多，大开间布置剪力墙可使单位建筑面积的混凝土用量减少20%～30%，钢筋用量减少10%左右。进行结构整体计算时，要充分理解规范要求，确保结构模型能够准确模拟建筑物结构布置，避免因结构计算不准确导致结构不安全或造成不必要的材料浪费。进行施工图设计时，避免粗放式的施工图绘制习惯，对结构进行合理配筋。在确保高层剪力墙住宅结构安全的前提下，有效降低结构成本，提高经济效益。

第六章 施工阶段与项目全寿命周期成本管理的优化策略

第一节 施工阶段的成本管理的优化策略

一、建筑工程施工阶段的成本造价管理

社会经济建设脚步的加快，改变社会群体对信息化管理技术的认知，早期人们对于信息的认知仅局限于某一单一模块，但基于当下社会科学技术发展的递进，群体对信息已经具备了更加深层次的认知与理解。在此种社会建设背景下，与管理相关的工作已被有关研究人员所关注。与此同时，如何实现对批量信息的多元化管理也成为社会关注的焦点，对信息的高效率管理，则成为社会可持续发展与建设的必然性发展趋势。[①] 尤其在市场经济建设脚步不断加快的社会发展背景下，相关建筑工程实施工作的管理成为有关单位的研究与关注重点。在建筑工程项目中，成本造价管理作为一个核心内容，可以更好地协助工程施工单位进行支出成本的把控。对于建筑工程施工方而言，有效控制建筑施工阶段支出成本，不仅可以实现为工程项目的实施提供更加良好的收益，同时也有利于提高工程方在市场内竞标的成功率，从而为建筑市场的可持续发展与建设创造更高的价值与效益。[②]

二、建筑工程施工阶段的成本造价管理现存问题

尽管建筑市场现如今的建设工作已相对完善，但在深入对此方面的实地考察后发现，大部分建筑施工方，在工程施工阶段，仍存在成本与造价管理方面的问题。而这些问题均是由一些客观因素引起的，正因如此，建筑市

---

① 于红翔 .BIM-5D 技术在建筑项目工程造价管理中的应用研究：以上海程十发美术馆新建工程施工项目为例 [J]. 产业科技创新，2021，3（01）：43-45.
② 王晟杰，马莉，满霞，等 . 全生命周期成本最优理念在输变电工程造价管理中的应用 [J]. 中国电力企业管理，2021（03）：76-77.

场的发展在经济产业化趋势下止步不前，因此，下述将对其成本造价管理现状展开深层次的讨论。

一方面，工程在投入建设前，有关人员未能做好工程整体的市场调查工作。即没有掌握工程建设的实际需求，便开始投入大量资金执行施工行为，但此种工程建设方式是十分不合理的。① 超过半数的建筑工程施工单位没有在工程开工前，对地质环境、工程施工使用材料、材料供应商进行调查，导致工程在施工阶段的资金支出较为随意，从而使工程整体管理水平较低，降低或在某种程度上抑制了项目收益。

另一方面，建筑工程施工方对于成本造价合同的管理能力较差。在施工阶段，无论是建筑施工材料的购进，或是施工工人的雇用，均需要与其签署对应的合作合同。② 因此，在此阶段中，涉及的造价合同数量是十分庞大的，而要想在施工过程中，落实对成本造价的有效管理，需要对合同进行精细化分类与管理。但目前大部分施工方没有重视起与此方面相关的问题，甚至在管理合同过程中，没有调派专门人员对其进行负责，导致最终的管理效果无法达到预计标准。

三、建筑工程施工阶段成本造价的意义

现代化成本造价管理技术在社会多个领域内的有效运用，不仅在某种程度上为社会经济发展提供了更为直接的便利条件，同时也从核心层面为建筑工程施工方、各领域组织管理提供了改进方向。而相关建筑工程施工成本造价方面工作的研究，自20世纪开始便已开始执行。③

我国一线城市内的建筑单位、市场营业建筑组织机构，均在深入市场的调查中提出了以科学化技术代替人工的方式进行工程施工成本造价的高效率管理，但由于早期管理工作的实施受到多种外界因素的影响。包括成本管理覆盖范围小、部分建筑施工单位对于成本造价管理仍存在错误认知、国家与市场建设中相关成本造价管理的法律条文出台并不完善、多数管理技术

---

① 郭婧华.集成管理理论在建设项目全过程造价咨询业务中的应用研究[J].中小企业管理与科技(中旬刊)，2021(03)：13-14.
② 田宇泽.基于建筑工程造价预结算与施工成本管理有效措施的思考[J].房地产世界，2021(05)：51-53.
③ 赵玲.建筑经济管理中全过程工程造价的重要作用及有效运用研究[J].中国集体经济，2021(08)：35-36.

均为国外引用、未能有效提出与我国建筑市场经济发展协同等。① 这些因素均在不同程度上对建筑工程成本造价管理造成了抑制，也阻碍了社会经济建设的高效率发展。但在市场发展走向 21 世纪后，提出的多种高新管理技术已基本实现了在各大建筑组织机构内广泛应用，传统的人工管理模式也逐步被淘汰，制约产业发展与建设的多项问题，也在社会重视起成本造价管理后，依次得到了有效解决。

四、建筑工程施工阶段的成本造价管理措施

(一) 完善建筑工程施工阶段成本造价管理内容

为了提高建筑工程施工阶段的成本造价管理质量，在深化对此方面的研究中，应不断完善造价成本管理内容。而在实施相关工作时，除了要在常规工程成本造价管理模式上进行变更以外，还应当在工程中，为不同的工作人员进行任务管理的合理化分配，使其明确自身的职责。例如，对于工程项目中的核心成本造价管理人员，要求其在认知此方面工作重要程度的基础上，结合工程设计图纸与预计成本，做好对施工成本的规划；对于工程建设中的技术人员，要求其在多种技术的支撑下，在施工中做好对支出成本的有效控制；对于工程中监理方人员，要求其做好对施工过程中，施工方行为的规范性监管，以此保障工程相关工作的实施具备一定有效性。

但综合建筑市场的当前发展情况分析，大部分建筑工程施工方未能在工程建设中全面落实此方面相关的工作，从而导致施工成本浪费。② 对于工程施工中，具有此方面工作意识的施工人员，施工方应根据工况与综合收益，给予一定的资金奖励。对于施工中浪费施工材料、存在习惯性错误操作行为的施工人员，进行一定的惩罚。通过此种方式，使建筑施工方人员对于工作的实施具备一定能动性，以此带动工程整体成本造价管理水平的提升。

---

① 陈文旭，张文剑. 内河沉管隧道成本数据分析及造价管理启示研究：以车陂路沉管工程为例 [J]. 工程经济，2020，30(09)：29-31.
② 张莎. 道路桥梁工程造价管理与控制对提高工程经济效益的研究 [J]. 交通世界，2021(12)：164-165.

(二) 重视施工阶段设计变更项目成本管理

为了在最大程度上保障建筑工程投资资金的利用率，相关工作人员需要做好对施工阶段设计变更项目的成本管理。工程项目在实际应用中，会根据工况、具体支出等不可测变化因素，对项目实施方案进行中期变更，甚至会由于材料供应商出现抬高市场单价的现象，更换供应商。因此，针对建筑工程的不同变更阶段，施工单位应当及时做好对合同项目的变更，并加强对施工图纸的审阅，以此保障工程质量在预计成本造价范围内，满足市场达标需求。

在施工阶段设计变更项目成本管理阶段，应关注下述几点问题：建筑工程施工阶段图纸变更是否会影响到工程实施工期；一旦发生合同变更，是否会存在法律方面的纠纷问题；施工设计变更是否会导致早期预计成本出现不足的问题；变更行为发生后，项目现下支出的人力、物力、财力资源等是否会出现浪费现象；变更后是否会出现工程量变化等。

在工程实施中，施工方需要结合实际需求，对变更的款项进行深入研究，并全面掌握项目变更对成本造价成本造成的影响，以此解决成本造价管理方面的问题，确保施工行为的秩序化实施。

(三) 完善施工阶段工程合同管理款项

当建设工程负责单位与实际施工单位在签署施工协议的过程中，通常应当将双方的责任、义务及各项权利等要求充分明确。一旦完成对施工合同的正式签署后，建筑工程施工单位应当严格按照签订协议上的内容，完成对各项施工项目的具体实施。[①] 同时，在实际施工过程中，若出现了施工问题，应当严格按照协议当中的规定，明确责任，并给予一定处罚。对于建筑工程负责单位而言，其需要按照协议当中签订的内容，对施工单位支付相应的施工费用。

当前，我国现有工程施工协议、合同当中，由于部分内容不够明确，缺少许多与工程成本造价相关的规范性体系，因此导致在实际施工中出现类似

---

① 王立鹏.市政工程施工阶段及竣工结算阶段造价管理与造价控制研究 [J]. 居业，2021 (02)：173-174.

问题，没有明确的解决方案。因此，针对这一问题，在对造价管理时，应当完成在施工阶段工程合同管理款项，明确不同款项在工程合同当中的实际意义，以此进一步扩充成本造价计价条款体系。同时，完成对体系的构建后，施工单位的成本造价管理人员应当对其中各项内容充分明确，并提前做好与整个施工阶段相关的预算工作，以此确保在后续施工过程中，不会产生预算超支的问题，保障建筑工程负责单位的利益。施工单位在签订相关工程合同时，还需要对合同当中的核心条款进行严格的检查，确保合同含义明确的前提条件下，完成工程合同的签订。

第二节　项目全寿命周期成本管理的优化策略

超高层建筑集约化利用城市土地，通常会成为城市 CBD 核心或副中心的标志性建筑。成功建造的超高层建筑可以成为垂直立体城市，为身处其中的人们打造安全、健康、舒适、便捷的工作、生活、购物和休闲环境。

然而超高层建筑往往由于建造成本高、建设周期长、技术难度高、投资与政策变化等因素的影响，不一定顺利建成投入使用。即使已投入运营，也可能因低出租率或者高昂的运营成本，再加上资金成本及折旧摊销等因素，陷入经营的困境。因此超高层建筑项目在立项之初，应从项目全寿命周期的角度来考虑各项成本，而非仅仅局限于建造成本。

一、建设项目全寿命周期成本管理理念

全寿命周期成本理论（LCC）是指通过研究建筑物整个生命期的总成本来评估和比较各个可选方案，从而获得最佳的长期成本收益。在全球可持续发展的大背景下，LCC 日益受到土木工程从业人员的关注和重视。[①]

建设项目全寿命周期成本控制是在满足使用功能、安全可靠性要求的基础上，结合大众审美和项目运营需求等因素，使建设项目在经济寿命使用期限内实现成本最低的管理理念和方法。它从建设项目的长期经济效益出

---

① 陈永权，张文泉. 寿命周期成本（LCC）评价与全寿命工程造价管理 [J]. 工程造价管理，2020（4）：16-23.

发，全面考虑建设项目的设计、采购、施工、安装、调试、运维、改造、更新直至拆除的全过程，追求全寿命周期成本最小化。

二、超高层建筑项目全寿命周期成本管理的关注重点

(一) 设计方案对于建筑全寿命周期的成本尤为关键

在工程建设领域，设计管控是成本管控的源头。在项目设计的不同阶段，如概念设计、方案设计、初步设计、施工图设计等阶段，需分别建立测算、估算、概算和预算的"限额"控制基数，以及评审流程，不断进行复核校对、反馈、修正，以确保总投资额控制目标的实现。一旦在某个阶段发现项目超总投资概算，则要在保证项目业态和使用功能的情况下，对设计方案导致的造价提高进行纠偏，仔细研究建筑方案、结构方案、幕墙系统、各机电系统，以及装修标准，及时进行设计优化，同时考虑后期运营的维护成本，要求设计单位对设计方案进行调整，确保项目建设投资不超总投资概算。

(二) 机电设备的选型需考虑运营期的节能效果

建设项目的设备选型应追求设备寿命周期内的费用最经济、综合效率最高、安全最可靠。超高层建筑项目的机电设备选型不仅仅要考虑品牌和经济性，更要综合考虑设备的安全性、技术参数和运行的节能性，需要进行技术经济分析，结合运营维护的费用，选择性价比最优的设备。

机电设备的选型直接关系到项目建成后为用户提供安全、健康、舒适和便捷的使用环境，因此需要综合上述因素对机电设备尤其是核心的设备，如电梯、擦窗机、制冷机组、空调机组、冷却塔、高低压配电柜、柴油发电机组、消防系统、安防系统的选型制定《设备选型管理办法》，确认入围名单，组织考察，必要时组织专家论证会进行充分的研讨，不仅要考虑建设阶段的初始投资，而且还必须要考虑进入运营阶段后的设备运营成本和维护成本，综合全寿命周期成本最优进行确定。

(三) 项目建设阶段的总体进度对总投资的影响

超高层项目的建设由于开发建设周期长的特点，财务成本占项目总投

资的比例较普通项目要高得多。

影响超高层建筑开发建设总投资最为敏感的因素是工期。以中信大厦为例，在项目开发建设后期，每天的财务成本高达 300 万元。因此在确保安全和品质的前提下，实现总工期目标是控制项目总投资额的重中之重，也是项目实现全寿命周期成本控制的关键之一。

国内超高层施工技术的发展决定了超高层建筑项目施工周期相对固定，但是业主如果能够对项目开发建设管理流程再造，则可以有效地缩短开发周期。如压缩项目方案设计和审批流程，压缩项目报批报建的周期，即从取得土地中标通知书到拿到施工许可证这段周期，如果业主整体筹划，通过并行办理前期政府审批手续，分段申请办理施工许可证等方法缩短项目开发建设周期，就可以节约项目总投资，同时项目早日投入使用也可以赚取租金收益。

(四) 项目设计、施工阶段应用 BIM 技术

建筑信息模型（BIM）是工程建设行业的新工具，是整合建筑各专业信息的三维数字化新技术，在建筑的设计、施工及运维各阶段，各种信息不断整合于三维模型信息数据库中，建设单位、设计单位、施工单位等各方人员基于同一个 BIM 模型进行协同工作，有效提高工作效率、节约资源、降低成本，并实现可持续发展。

BIM 技术也给工程造价领域带来了技术升级，从而实现真正意义上的成本精细化管理。美国斯坦福大学整合设施中心（CIFE）根据 32 个项目的情况总结了使用 BIM 技术的效果：消除 40% 预算外变更；造价估算时间缩短80%；通过发现和解决冲突，工程造价降低 10%；项目工期缩短 7%，及早实现投资回报。[①]

一个完整的 BIM 包含了建筑生产所需要的全部信息，因此可以作为工程造价计量的依据，解决建设方、施工方和造价方关于工程量的争议。采用BIM 技术，既可以解决设计阶段由于不同专业设计师沟通不畅导致各种专业之间的碰撞问题，也可以通过机电管线综合提前解决在施工时可能出现的冲突问题，减少施工过程中的拆改，避免成本的增加和工期的延误。

---

① 王皓. 浅析 BIM 技术对于工程造价管理的影响 [J]. 科技世界，2017(9)：231，267.

(五) 项目运营期的预防性维护

建筑项目进入运营期以后，为了确保项目的高效及可持续性运营，并减少运营成本，提高客户满意度，需要定期对建筑进行预防性维护（PPM）。预防性维护的目的是控制由于设备损坏导致的修理或更换等应急维护所发生的成本，同时降低设备运行中断的概率。定期进行预防性维护同样能够对建筑和设备的资产价值提供保护，使建筑和设备处于良好的运行状态，避免设备突发故障给客户带来损失，进而影响建筑的资产收益甚至导致资产减值。预防性投入可以降低运行成本，提高设备运行效率，有效节约能源，提升企业竞争力及房产的市场价值。

建设项目全寿命周期成本控制可以实现全寿命周期内的成本优化和资源节约，尤其是超高层建筑由于建造成本高、建设周期长、技术难度高、运营成本高，[①] 更应该高度关注其全寿命周期的成本控制。[②]

---

① 赵祥. 典型工程法测算建设工程定额人工费调整系数 [J]. 工程造价管理，2021(3)：50-54.
② 王文准. 不同盾径造成的施工成本差异对盾构机项目投资决策的影响分析 [J]. 工程造价管理，2020(5)：63-67.

结束语

在建筑工程的各个阶段，科学合理利用资源能够在最大程度上减少建筑工程成本，合理控制工程造价，这在建筑工程中尤为重要。笔者通过研究认为，建筑工程造价成本管理的优化措施如下。

一、加强招投标阶段建筑工程造价成本管控

招标单位需要对拟建项目进行可行性研究，选派相关部门专家，对投标单位的情况和资质进行审核。与挑选出的候选单位进行合作事项商议，明确各自所需要承担的责任及义务，在达成一致意见后进行合作。作为造价成本管控人员，要严格按照相关的标准进行审查，包括建筑工程量、工程经费、项目单价等，确保工程造价的合理性，为后期造价管控打下良好的基础。在招标投标阶段，可利用可视化技术对工程进行模拟，核对各个环节所需要的成本费用，提高该阶段工程造价管控的合理性。

二、加强设计阶段建筑工程造价成本管控

首先，应当对设计人员进行培训，促使其形成良好的造价管控意识，能够主动在设计过程中考虑到后期工程成本管控，合理地优化和调整设计，尽量避免设计变更、材料浪费等问题出现。其次，设计人员和工程造价管理人员相互协作，对建筑工程的设计细节进行调整，提高设计的合理性和科学性，加强造价成本管控。了解施工材料的市场价格及波动趋势，从而在设计阶段就能够对工程造价整体进行简单预估，为设计方案的不断调整提供重要的数据基础。最后，依据具体的建设需求对设计方案进行明确和改进，仔细勘察施工现场，结合实际数据设计方案。

三、加强施工阶段建筑工程造价成本管控

在施工过程中，应当重视对材料造价的管理，控制材料成本的投入，加

强造价成本管控力度。材料造价管理应当从多个阶段入手，了解材料价格波动性，保证造价管理的效果。在施工图设计过程中，优先选择性价比高的材料，对施工材料的数量进行合理预估，避免出现施工材料浪费的问题，为后期材料造价管理提供基础。施工阶段是影响造价管理最为关键的环节之一，如果在施工阶段没有进行合理的造价管控，就会直接影响到最终的经济效益。施工过程会受到多种不同因素的影响，例如材料价格上涨会增加材料方面成本投入，出现天气灾害会延误施工进度，增加施工资源的投入量。因此，必须要强化施工阶段的造价管理，对建筑工程中使用的材料价格波动趋势进行评估，并结合可能的变化制订相应的方案，以应对材料价格上涨的问题。除材料之外，设备费用也是难以管理的内容之一，需要相关人员依据施工周期对设备进行租赁，并加强设备维护，避免设备损坏。

四、引入信息化造价成本管控手段

成本管控工作引入信息化手段，可以改变现有的造价成本管控方式。信息化管理系统的应用可以将各种信息数据记录在内，避免成本数据丢失。通过信息化管理模式，还可以对不同材料、设备的价格进行分析，从而有效地管理各个方面的成本，对于预算方案的制定也有着积极的意义。建筑工程涉及较多的支出和收入项目，信息技术的应用减轻了成本数据的管理难度，可以自主核算成本数据和预算之间存在的差异，利用大数据技术分析引起成本超出预算的原因，从而为工程造价管理提供数据参考。由于工程造价的相关数据非常重要，数据丢失会给企业造成较为严重的危害，因此需要在信息系统中使用安全防护技术，确保工程造价管理的安全性和准确性。

五、提升工程造价管理人员综合素质

为了加快工程造价管理体系建设速度，施工企业应当建设一支高素质高水平的工程造价管理队伍。首先，要重视对现有工程造价管理人员的培训。在日常管理工作中，定期组织培训活动，向培训对象讲解工程造价管理的内涵及意义。其次，积极引进新型的工程造价管理人才，充实管理队伍，促使管理工作向着专业化和科学化的方向发展。新型的管理人员应当具备创新能力和信息化思维，可以主动对工作模式进行创新，合理利用信息技术完成管理。最后，加强各个企业之间的交流，举办各类职业技能竞赛，提高工程造价管理人员的学习积极性，使其掌握工程造价管理的新手段、新方法，以此来提高工程造价管理质量。

　　建筑工程所涵盖的范围较广，不同类型的建筑工程具有不同的功能和作用，可以为人们提供高质量的公共服务，提升城市居民的生活水平。造价管理是建筑工程管理过程中的重要内容，通过合理的造价管理可以减少建筑工程的成本投入。当前，建筑工程在造价管控工作中存在招标阶段未进行严格把关、设计阶段缺乏造价管控意识、施工阶段过于随意、成本管理手段落后等问题。建筑企业应当在以上各个阶段做好造价成本管控工作，引进信息化管理手段，完善造价成本管理体系，为造价成本管控工作的开展奠定良好基础。

参考文献

[1] 陈庆聪 . 建筑工程施工成本管理与控制的实践研究：以霞浦某房地产项目施工合同造价纠纷为例 [J]. 居业，2023(03)：142-144.

[2] 蔡丽花 . 建筑工程造价预结算审核与施工成本管理的关系 [J]. 冶金管理，2023(04)：89-92.

[3] 郭强 . 建筑工程造价预结算与建筑施工成本管理探究 [J]. 中国建筑金属结构，2023(02)：190-192.

[4] 穆琼 . 建筑工程造价预结算与建筑施工成本管理探究 [J]. 建筑与预算，2023(01)：28-31.

[5] 李娜 . 从建筑工程造价预结算审查看建筑施工成本管理 [J]. 四川建材，2023，49(01)：215-216+224.

[6] 魏晨芳 . 浅谈建筑工程造价预结算审核与建筑施工成本管理的关系 [J]. 商讯，2023(01)：160-163.

[7] 张建彪 . 房建工程施工成本管理措施探讨 [J]. 城市建设理论研究（电子版），2022(34)：16-18.

[8] 叶晓莉 . 建筑工程成本管理问题研究 [J]. 中华建设，2022（11）：34-35.

[9] 苏顺平 . 建筑工程造价成本管理的优化策略探讨 [J]. 城市建设理论研究（电子版），2022(29)：46-48.

[10] 周岚 . 浅析施工企业工程造价管理 [J]. 新疆有色金属，2006（02）：51-52.

[11] 李晓岩 . 房屋建筑工程施工成本管理及施工质量控制分析 [J]. 中国建筑金属结构，2022(05)：123-125.

[12] 李丽，边晶梅，刘佳欣 . 房屋建筑工程施工成本管理及施工质量控制分析 [J]. 中国市场，2022(03)：75-76.

[13] 魏高军. 房屋建筑工程施工成本管理 [J]. 中国住宅设施，2021(12)：125-126.

[14] 鱼丽琼. 建筑工程施工成本管理与控制研究 [J]. 住宅与房地产，2021(34)：144-145.

[15] 黄景筑. 建筑工程施工成本管理与控制探究 [J]. 散装水泥，2021(05)：55-57.

[16] 李春华. 建筑工程造价成本管理的优化策略探讨 [J]. 江西建材，2021(09)：295+297.

[17] 连敏杰. 加强建筑工程造价成本管理的优化策略 [J]. 居业，2021(09)：163-164.

[18] 钱卓，付兆明. 建筑工程施工成本管理与控制 [J]. 施工企业管理，2021(09)：57-58.

[19] 张琼. 建筑工程投标阶段的造价控制 [J]. 居舍，2021(21)：160-161.

[20] 武立锋. 加强建筑工程造价成本管理的优化策略研究 [J]. 居舍，2021(17)：129-130+150.

[21] 李艳鹏. 建筑工程成本管理中施工预算的作用分析 [J]. 经济研究导刊，2021(13)：75-77.

[22] 史志莉. 建筑工程成本管理中施工预算的重要性 [J]. 房地产世界，2021(06)：46-47+50.

[23] 魏鹏贵. 分析建筑工程施工成本管理与控制 [J]. 居舍，2021(09)：125-126.

[24] 刘佳. 建筑工程成本管理中施工预算的作用分析 [J]. 居舍，2021(06)：127-128.

[25] 胡志刚. 建筑成本管理的影响因素及其优化措施 [J]. 财会学习，2021(03)：125-126.

[26] 何霜. 建筑工程施工成本管理与控制分析 [J]. 四川建筑，2020，40(06)：307-308+310.

[27] 范丹丽. 加强建筑工程造价成本管理的优化策略研究 [J]. 中国住宅设施，2020(08)：40-41.

[28] 李晓慧. 建筑工程造价预结算与施工成本管理 [J]. 建材与装饰，2019(34)：142-143.

[29] 伍岳青，丁一，游清霞. 建筑工程造价成本管理的控制方法 [J]. 住宅与房地产，2019(28)：31.

[30] 沈慧慧. 建筑工程土建造价成本管理的控制方法 [J]. 现代物业（中旬刊），2019(08)：145.

[31] 曾瑞. 建设工程招标投标阶段造价管理现状与对策 [J]. 建材与装饰，2019(08)：124-125.

[32] 唐日群. 建设工程招标投标阶段造价管理的方法与措施 [J]. 四川水泥，2018(02)：225.

[33] 王勇. 成本管理在某工程设计项目中的应用 [J]. 山西建筑，2016，42(27)：205-206.

[34] 王奂. 工程设计施工企业战略成本管理探讨 [J]. 企业改革与管理，2015(24)：143.

[35] 梁肖丽. 建筑工程投标造价管理 [J]. 法制与经济（下旬），2012(08)：107-108.

[36] 卢文初. 建筑工程设计阶段成本管理再探析 [J]. 中国城市经济，2011(14)：62-63.

[37] 毕鉴宇. 工程设计阶段成本管理研究 [J]. 科技资讯，2011(17)：146.

[38] 虞剑波. 我国工程造价管理体制改革的几个主要问题 [J]. 才智，2009(05)：154.

[39] 周健，冯国斌. 浅析加强施工成本管理提高企业经济效益 [J]. 黑龙江科技信息，2007(13)：118.

[40] 曾萍. 施工企业投标阶段的工程造价管理 [J]. 山西建筑，2007(19)：249-250.